JN102289

細馬宏通

CORRESPONDENCE.

絵はがきの時代

増補新版

12

青土社

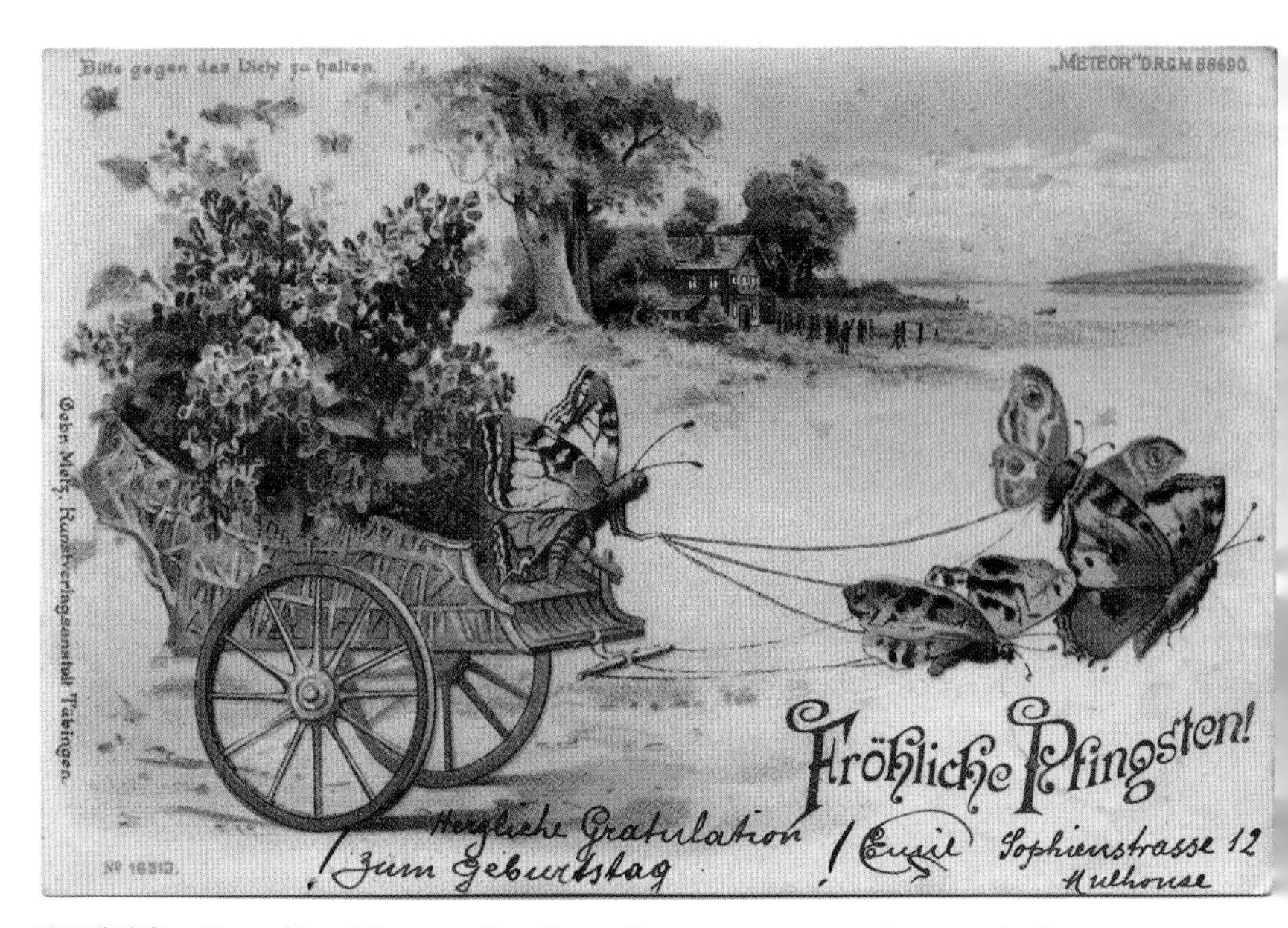

聖霊降臨祭の透かし絵はがき。1899年５月12日付。ロートリンゲン（ロレーヌ）宛。〔A.「透かしは黄昏れる」参照〕

上図を透かして見たところ。

902年、パリ・オペラ座透かし絵はがき。1902年3月26日付、パリ発、ヴィランシェンヌ行、友人のピアニスト宛て。差出人の書いた五線譜が添えられている。〔B.「透かしは黄昏れる」参照〕

上図を透かして見たところ。

1908年9月27日消印の「摂津 西ノ宮海岸」絵はがき（手彩色）。〔C.「色彩と痕跡」参照〕

高島捨太『Illustration of Japanese Lif
1896（明治29）年に収められた写真（下
と、後に絵はがきに再利用された同じ写
（上）。色付けが異なっていることがわか
〔D. 同上〕

「鶴岡八幡宮」手彩色絵はがき（未使用）。1907（明治40）年以前。〔E.「色彩と痕跡」参照〕

絵はがきの時代　目次

絵はがきの時代

漏らすメディア

絵はがきが届く。郵便受けから郵便を取り出す。一枚手にとって手首を軽くひねる。はがきがひらひらと裏返る。色あざやかな絵と差出人の筆跡とがひらめき合う。このほんのわずかな時間のあいだに、絵はがきのすべてが眼に入る。

ひとつかみにした束から一枚また一枚と手に取る。自分宛てではなく、家族や同居人の誰かに宛てられたものが見つかる。しかし、盗み見たという罪の意識はほとんど起こらない。絵はがきはただの一枚の紙切れに過ぎないし、そこには封書のように、何かを含み持つそぶりはない。そこには綿々と綴られた長いことばはなく、ただの「絵」とわずかな挨拶があるに過ぎない。たとえ記された差出人の名前と宛先人との組み合わせに奇妙なところがあろうとも、思わせぶりなことばが閃光のように眼にとびこんでこようとも、わたしは何の秘密にも触れなかったかのようにその一枚を仕分け、正式な宛先人へと手渡すだろう。

手の先でひるがえす、そのわずかな隙に絵はがきの裏表を確かめる。そこに記された文字の列からすばやく宛先を探しだし、自分宛てではないことを瞬時に読み取りながら、しかしそれ以外の子細は、たとえ網膜には映っていたとしても意識にはのぼらぬようにして、他の家族や同居人のために選り分ける。

しかし万一、うっかり人目をはばかるような秘密が目に入ってしまったらどうしようか。いや、そもそも絵はがきは、人の目にとまってもかまわないような姿をしている。それどころか、わざわざ他人の目まで惹きつけてしまうような「絵」を備えている。人の目に触れてもかまわない形式で書かれている以上、そこに記されていることがどれほど秘密めいて見えようと、結局たいした用件ではないのだとさえ言える。だからこそわたしは、ごく個人的で親密なことばを絵はがきの余白に添えることがある。誰の目にもとまりうるがゆえに誰も気にはとめないだろう、という大胆な予測のもとに。

絵はがきのこのようなあけすけさは、いつ生じたのだろうか。それを考えるために、まずは、かつての郵便制度を簡単に遡ってみよう。

折りと封じ

指先でいま書いたばかりのメモをつい無意識のうちに二つ折りにしてしまう。そのことでかえって、自分の書いたことがなにか人目をはばかるできごとであるかのように感じられてくる。紙を折ること、紙に何かを書き付けてそれを内側に折り畳んでしまうことは、おそらく、紙の発生とともに始まったのだろう。紙は折られるだけで秘密めく。本は秘密の束である。誰かが折り畳んだ紙をなんの理由もなく広げるのはためらわれる。新しい本を広げるときの微かな緊張は、紙を広げることの緊張に通じている。

広げた紙を折り直して戻せば、見なかったことにできるかもしれない。しかし、そこに封があるなら、広げることはもはや一回かぎりの後戻りのできない行為となる。中国には紙の発生以前から粘土で木簡を封する「封泥」があり、ヨーロッパには「封蠟」があった。文の書かれた和紙を捻り、紙を結び、腰紙を巻き、「封じ目」に墨を入れることは平安期から行なわれていた。「封切り」は、古来、宛先人だけに許された一回かぎりの特別な権利だった。

庶民のあいだで手紙が交わされるようになっても、差出人により紙が閉じられること、そして宛先人により紙が開かれることは、長らく手紙に備わった秘儀性だった。

一九世紀に入ってもなお、ヨーロッパでは封蠟が用いられていた。ただし、現在のような封筒はあまり使われず、便箋をたたんで直接そこに蠟で封をするスタイルが基本だった。というのも、当時の制度では、紙が一枚増えるごとに（それがたとえ封筒であっても）郵便料金が課せられたからである。封蠟は、手紙の内容を隠し、かつ、安価に送るための形式でもあったのだ。

一枚の紙片に過ぎないはがきというメディアは、その簡便さから考えれば、歴史上ずっと早く発生していそうに思える。しかし郵便は、単純なはがきから複雑な手紙へと進化したのではない。むしろ逆に、「封」という重しをはずすように、はがきが現われたのである。

はがき——折りと封じのない手紙の誕生

近代郵便制度の幕開けは、一八四〇年、イギリスのローランド・ヒル卿によって提唱された郵便法の改正であった。この改正の結果、世界初の郵便切手「ブラック・ペニー」が発行されたのだが、じつはこの改正には、もうひとつの重要な改革が含まれていた。それは料金改定である。国内郵送料金は、紙の枚数ではなく一オンスあたりで換算されるようになった。この結果、封筒で便せんを包んでも料金はほとんど変わらなくなり、切手と封筒の組み合わせは一気に国内に広がった。

封筒の使用が広まるにつれて、さまざまな意匠を凝らしたものが数多く発行され、イラスト付きの封筒も数多く出回った。中身だけでなく、封筒じたいもまた、宛先人の目を楽しませるものになった。しかし、この時点でもなお、郵送の対象に、はがきは含まれてはいなかった。

意外なことだが、電報の実用化は郵便はがきよりも早い。モールス（モース）による電信機の実用化は一八四四年、はがきが世界で初めて公に認められる二五年前のことである。

電報では、差出人は口頭や書面で通信士にメッセージを伝える。それは別の通信士によって受信される。この過程で、メッセージはむき出しなのだが、人々は配達人が自分の送るメッセージに接することに、さほど抵抗を感じなかった。通信士は職業的無関心を装うことによって、メッセージがあたかも漏れていないかのように振る舞った。電報は人の死を伝えるのに最適なメディアとして一般に広まり、さらに浮気や賭博のような秘密めいた行為までが、このむき出しのメディアを介して行なわれた。

こうした動向を受けて、一八六五年、北ドイツ連邦郵便局の官吏であったハインリッヒ・フォン・ステファンは、それまでの仰々しい封書形式の手紙に代わるものとして「開式郵便片 offenes Postblatt」、すなわちはがき形式の郵便をカールスルーエの郵便会議で提案した。彼は、当時すでに普及していた電報を例にあげて次のように述べている。

現在の手紙の形態は、大量のコミュニケーションを扱うのに十分な簡便さ、簡潔さを備えていない。なぜ簡便でないか。便せんを選び、折りたたみ、さらには封筒を購入して封をし、切手を貼り付けねばならないからである。なぜ簡潔でないか。因習ゆえにありのままのコミュニケーション以上のものが求められるからである。送り手にとっても受け手にとってもこれはうんざりさせられることだ。現在では、電報が一種の短い手紙であるといえるだろう。人々は、手紙を書き送る面倒を避けるために電報を使うことがある。名刺も同じ目的に使われることがある。

つまり、電報という一九世紀の新発明の方が、ただの紙切れに過ぎない郵便はがきよりも早く登場し、その簡便なコミュニケーションの流行が、逆に郵便はがきの必要性を認識させたのである。

しかし、ステファンの提案はすぐには実現しなかった。

おそらくその一因は、宛先人以外にメッセージが漏れてしまうということに一部の人々が抵抗を示したからであろう。『絵はがきとその起源』（一九六六）でフランク・スタッフは、郵便はがき導入当時に起こったはがきへの反発について次のように書いている。

おそらく奇妙に思われるかもしれませんが、いくつかの官庁は、はがきの使用に強く反対しました。

日本の万国郵便連合加盟(明治10年／1877年）後50年を記念する絵はがき（昭和2年／1927年発行)。左上は郵便はがき制度の提唱者、ハインリッヒ・フォン・ステファン。中央はスイスのベルン市公園にある万国郵便連合記念碑。「万国郵便連合加盟五十年記念」の記念スタンプが押されている（未使用)。

彼らは、はがきだと他人のメッセージやプライヴァシーに関する内容があまりにも簡単に読まれてしまいすぎると考えたのです。そして、怨恨や悪意から誹謗中傷や名誉毀損にふける人が増えるのではないかと考えたのです。

つまり、はがきからメッセージが意図せず漏れること、もしくは故意に漏らされることが危惧されたのである。

公式の郵便はがき制度のきっかけを作ったウィーンの大学教授エマニュエル・ハーマンは、一八六九年の新聞に寄稿した文章の中で、手紙の種類を内容別に次のように分けている。

（一）通常の情報に関する手紙。
（二）ビジネスレターおよび宗教的内容のもの。
（三）ラブレターおよび家族の手紙。

そして、彼はこのうち（一）のグループ、具体的には急用や受領書、請求書、注文書、短信、そして大量の時候の挨拶について、より廉価な便せん大の簡単なカード、すなわち郵便はがきを導入することを提案した。

ここでおもしろいのは、（二）と（三）が議論の対象から外れていることである。これらがはがきにふさわしいものとして想定されなかったのは、単にメッセージの内容が長いからではなく、その内容がむき出しのまま送られるのにふさわしくなかったからであろう。ハーマンは、メッセージの内容が漏れてもよいものかどうかを考慮した上で、はがきの提案をごく穏健に行なったのである。

読まずに読む

ハーマンの提案をもとに、一八六九年九月二二日にウィーンで世界最初の郵便はがきに関する規則が制定された。興味深いことに、その中には、メッセージの内容について規則が記述されている。

郵政省はメッセージの内容については責任を持たない。ただし、旧来の封書における住所部分に侮辱的な記述がある場合に関する規則（郵便規則　一八六五年三月八日）に準じて、わいせつ表現、誹謗中傷表現やその他違法行為がカード上に見つかった場合は、郵送や配達の対象から除外するよう郵便局には指示が出されている。

ここで、封書に関する規則がはがきに関する規則へと適用されるにあたって微妙な変更が加えられているのに注意しよう。封書に関する規則は、あくまで表書きの住所部分にまでしか及んでいない。つまり、封書の中身を検閲するものではない。ところがはがきに対しては「カード上に見つかった場合」となっており、とくに「住所部分」という限定はない。つまり、文面を含むはがき全体が、この規則の対象になっているのである。これだと、宛先や差出人の名前だけでなく、はがきの内容が集配の過程で検閲される可能性があることになる。それは、宛先人に不利益をもたらすことを防ぐいっぽうで、集配人がメッセージの内容を読むことを意味している。すなわち、第三者にメッセージが漏れる可能性を暗に認める、というのが、はがきに対して採られた解決だったのである。

むろん、集配人が他人のはがきにおおっぴらに見入ることが認められていたわけではない。のちに絵はがきが流行し、きわどいユーモア絵はがきが流通するようになった一八九九年、フランスの郵便局ではみだらな表現を禁じるため、次のような奇妙な指示を出している。

郵便局員に以下の行為を禁じる。

（a）はがきを読むこと

（b）人を辱める表現、侮蔑的な表現の書かれたはがきを送信、転送、配達することはがきを読むことなく、どうやってそこに「侮蔑的な表現」が書かれていることを知ることができるだろうか。この指示で局員に求められていたのは、読まずに読む、という禅の公案のような態度だったのである。

郵便局側の思惑はともかく、送り手や受け手が、集配の仲介人にメッセージが漏れることをそれほど厭わないことは、電報で証明済みだった。

じっさい、郵便はがきの制度がオーストリアを皮切りに、各国で次々と導入されると、そこには電報以上に、大量の需要があることが明らかになった。オーストリア＝ハンガリー帝国では、一八六九年の制定後の最初の三ヶ月で三百万枚近くの絵はがきが販売された。イギリスでは一八七〇年に郵便はがきが認められたが、初年度には七千五百万ものはがきが流通した。アメリカでは一八七三年に導入され、最初の六ヶ月で六千万枚が販売された。人々はむき出しのメッセージを送る制度を進んで利用したのである。

後に見ることになるが、日本における明治期の郵便制度改革は、西洋と比べてもさほどの時間差はない。はがきの導入は、アメリカと同じく一八七三年（明治六年）と早く、この年、郵便はがき紙に関する規則が制定され、はがきの使用が始まった。

絵はがきの登場

絵はがきが最初に現われたのがいつかについては、はっきりした定説はない。絵はがきの起源を言い当

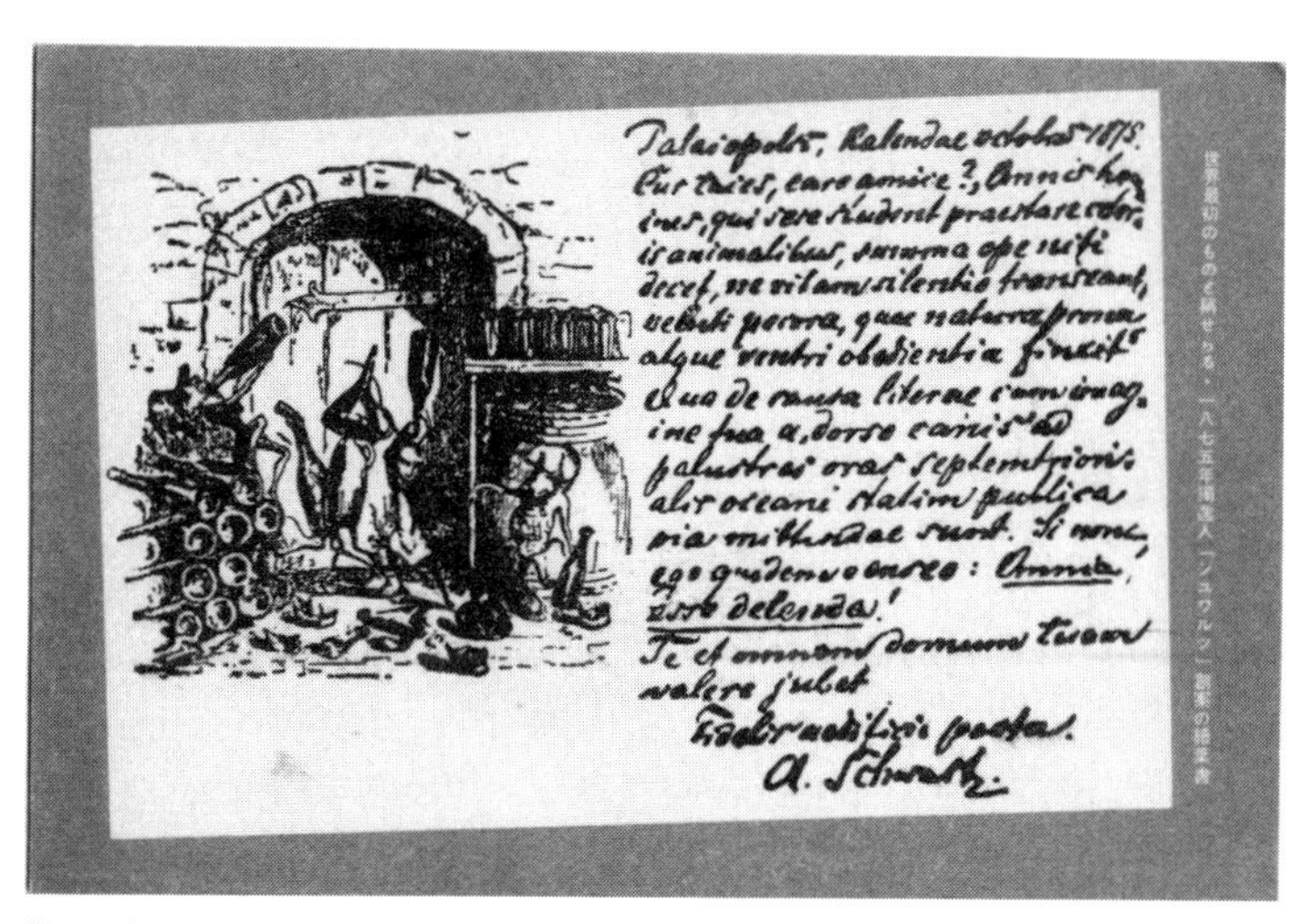

「世界最初のものと称せらるる一八七五年独逸人『シュワルツ』創案の絵葉書」と題された日本絵はがき。実際は1870年代に最初のものが発行されていた。

てるのがむずかしいのは、官製の絵はがきが発行されるよりも以前に、官製はがきに差出人自ら絵を刷り込むなど、さまざまな工夫が凝らされるようになったからだ。『絵はがきの黄金時代』（一九七一）のホルトらのことばを借りるなら、絵はがきは「公式に導入されたというよりも、進化した」のである。

ある意味で、郵便はがきが認められた時点で、絵はがきの可能性はすでに埋め込まれていたと見ることもできる。先にあげた一八六九年のオーストリアにおける郵便はがき制度では、官製はがきの裏側は通信欄とされており、「インク、鉛筆、色鉛筆」で書くことが許可されていた。メッセージは「読みやすく、剥げ落ちにくいもの」であることは要求されていたものの、絵を描くことについては、特に制限は記されていない。おそらく個人どうしが簡単な肉筆絵を描き込んで交換することは、制定後すぐに始められたことだろう。

印刷絵はがきはどうか。官製はがきの通信欄にあとから印刷をほどこせばそれは絵はがきとなる。したがって、印刷絵はがきもまた、郵便はがきが認められてからほどなく現われたであろうと考えられる。じっさい、北ドイツでは、はがきが認められた一八七〇年六月に、A・シュヴァルツなる印刷社兼出版社が、官製はがきに自社独自の印刷をほどこした絵はがきを作成している。また、一八七〇年の普仏戦争では、プロシア、フランスの両国で、手紙の書き方を知らない兵士たちのために、あらかじめ愛国的なデザインをほどこしたはがきが作られたと言われている。絵はがきの起源は、おそらく一八六九年以降のさまざまな時点に求めることができるだろう。

しかし、現在のように、絵はがきに切手を貼ることが最初から行なわれていたわけではない。当初、はがきは官製はがきに限られており、指定場所以外で販売したり、加工して通常料金より高く再販することは禁じられていた。このため、たとえ絵はがきを作っても、それを誰かに売ることはできなかった。絵はがきをつくって利益を得るためには、はがき用の紙にあらかじめ印刷したものを販売し、それに切手を貼って利用者に投函してもらうことが必要であり、そのためには、私製はがきの使用が認められることが必要だった。

ドイツ、オーストリア、スイスでは一八七〇年代から私製はがきの使用が認められ、一八八〇年代には風景絵はがきが出回るようになった。これらの国では印刷業が盛んだったこともあって、世界に先駆けて絵はがき産業が発達した。

いっぽうフランスでも一九〇〇年のパリ万博によって爆発的な絵はがきブームが到来した。イギリスでも一八九〇年代終わりに、ボーア戦争をきっかけにようやく絵はがきが本格的に流行し始めた。このように絵はがきの流行には、国によって時期に差があるのだが、ごくおおざっぱに言えば、おおよそ一九世紀終わりから二〇世紀初頭が、世界的な絵はがき流行期であったということになるだろう。

日本絵はがきの始まり

日本の郵便制度改革は意外に早い。

明治六年(一八七三年)のはがき制度導入の後、明治一〇年(一八七七年)には万国郵便連合に加盟した。加盟国の間では、はがきの料金は一・二五ペニーに統一されていたため、国際はがきの消費が加速された。日本における絵はがきの始まりはいつか。

公的には、明治三三年(一九〇〇年)一〇月に私製はがきの使用が認められるようになったのが始まりである。私製はがきが認められたということで、私的に用意した紙に切手を貼って出すことが認められた。つまり、業者ははがき大の紙に絵や写真を刷り込んで「絵はがき」として販売できるようになり、消費者はそれに切手を貼って出すことができるようになった。

石井研堂は『明治事物起源』の中で、絵はがきの起源を雑誌『今世少年』の「シャボン玉を吹く二少年」であるとしている。『今世少年』は研堂自身の編集していた雑誌で、彼には、時代の変わり目にまさに立ち会いつつあったときの、生々しい感覚があったのだろう。

じっさい、『今世少年』の九月発行の号には、絵はがきを付録とすることが予告されており、私製絵はがきの認可のタイミングに合わせて付録絵はがきは周到に計画されていたことがわかる。『今世少年』がさほど部数の多くない雑誌だったこともあって、この「シャボン玉を吹く二少年」は、蒐集家のあいだでも長らく幻の絵はがきとされていたが、二〇〇五年に再発見されて話題を集めた。

ただし、すでに世界の例で見たように、日本の絵はがきも一人の人間によっていちどきに発明されたのではない。はがきが認められればそこに肉筆の絵を添えることは自然と行なわれただろうし、印刷するだけの技術や財力のある者は、官製絵はがきに絵を刷り込むことを試みただろう。じっさい、明治三三年以前の年賀状には、暦や絵を刷り込んだものがしばしば見られる。絵入りはがきを長年研究しておられる矢原章氏（私信）によれば、こうした年賀状は少なくとも明治二七年まで遡ることができるという。

また、万国郵便連合に加盟していた日本では、海外とのやりとりに使われる郵便に関しては、絵はがきの使用が可能だった。ドイツのような絵はがき先進国からの色鮮やかな石版絵はがきは、趣味ある者を刺激したに違いない。

おそらくは、じっさいの制度が布かれる以前に、官製はがきに絵を入れる者があちこちに現われ、さらにはドイツやフランスの美しい絵はがきに接した人々が絵はがきの必要性を説くようになったことで、私製絵はがき認可に対する気運が高まった、というのが実情だろう。

絵はがきを流通させるようになったもうひとつの遠因に、年賀状制度の変化がある。はがきによる賀状の風習は郵便制度ができてほどなく起こったが、それは従来、元旦に書いて投函するものだった。しかし、それでは先方に着くのが二日以降になってしまう。そこで、明治三二年（一八九九年）末、これを前倒しして、年末に賀状を投函し、それを元旦に配達するという制度ができた。このことで、年末の空いた時間に賀状をあらかじめ書きためることができるようになり、賀状の消費量は一気に増えることになった。

つまり、明治三三年の元旦には、初めて賀状の元旦配達が行なわれ、翌明治三四年の元旦には、初めて私製絵はがきによる賀状が使用されるようになった。はがき使用をめぐる環境は、この二年間で急激に変化したと言えるだろう。

私製絵はがきが許可されると、先に挙げた『今世少年』をはじめ、『小天地』（金尾文淵堂）『新小説』（春陽堂）などの雑誌が、付録絵はがきを付けるようになった。中でも『新小説』の付録は、シンプルで美しい図案のものが多く、のちのデザイン絵はがきの嚆矢とも言える。

日露戦争と絵はがきの流行

絵はがきの消費量が劇的に増えたのは、明治三七年（一九〇四年）の日露戦争期である。その大きな理由は軍事郵便と記念絵はがきの発行にある。戦地からのはがきに対しては郵便料金が免除されたこともあって、遠い戦地と本国とのやりとりを求める人々は盛んにはがきをやりとりした（次々頁下図）。出征兵士には大量の絵はがきが支給され、こうしたやりとりに用いられた。さらに、攻略や凱旋を記念して逓信省が戦役記念絵はがきを発行し、そこに記念スタンプ印を押したことで、記念絵はがきと記念スタンプとの組み合わせを求める人々が郵便局前に長蛇の列を作った。

絵はがきの種類もまた劇的に増した。この頃書かれた日本葉書交換会編『詩的絵はがきの栞』（明治三八年／一九〇五年）には次のように書かれている。

〔絵はがきは〕最初は模様的の至極単調なものであつたが、日露戦争以来俄かに急速の進歩をなして、軍人、軍艦、戦争、美人、風景、さては花鳥、風俗等の各方面より材を取り、これを油絵、水彩画、ペン画、ヌーボー式、モザイク式及び毛筆画（日本画）等の複写によつて巧みに印刷するやうになつた。

絵はがき屋という商売

日露戦争期の流行以降、絵はがき屋の数は目に見えて増えていた。雑誌『太平洋』（明治三九年六月一日号）の「絵葉書の小売」という記事では、「元来絵葉書屋は資本をたくさんに要さず、おまけに仕入が容易で、誰にでも始められる営業である」と紹介されている。以下、この記事に従って、当時の絵はがき屋という商売がどのようなものであったかを見てみよう。

絵葉書屋を開店するにしたところで、その場所が繁華と辺鄙とによつて、造作代や敷金に非常な相違もあらうから、これはまづ別として置いて、さしあたり必要なのは、商品を陳列する飾り台飾り函と云ふ装飾器具、その他店飾りに舶来の自動写真挟なども設備せずばならず。これも店頭の広いと狭いによつて異なるが、仮に九尺間口位の小ヂンマリした店を開くと見て、硝子張りの飾り台が一個、あとは絵葉書を収容する飾り函である。この営業器具を新調すると見て飾り台に十四五円、飾り函は、

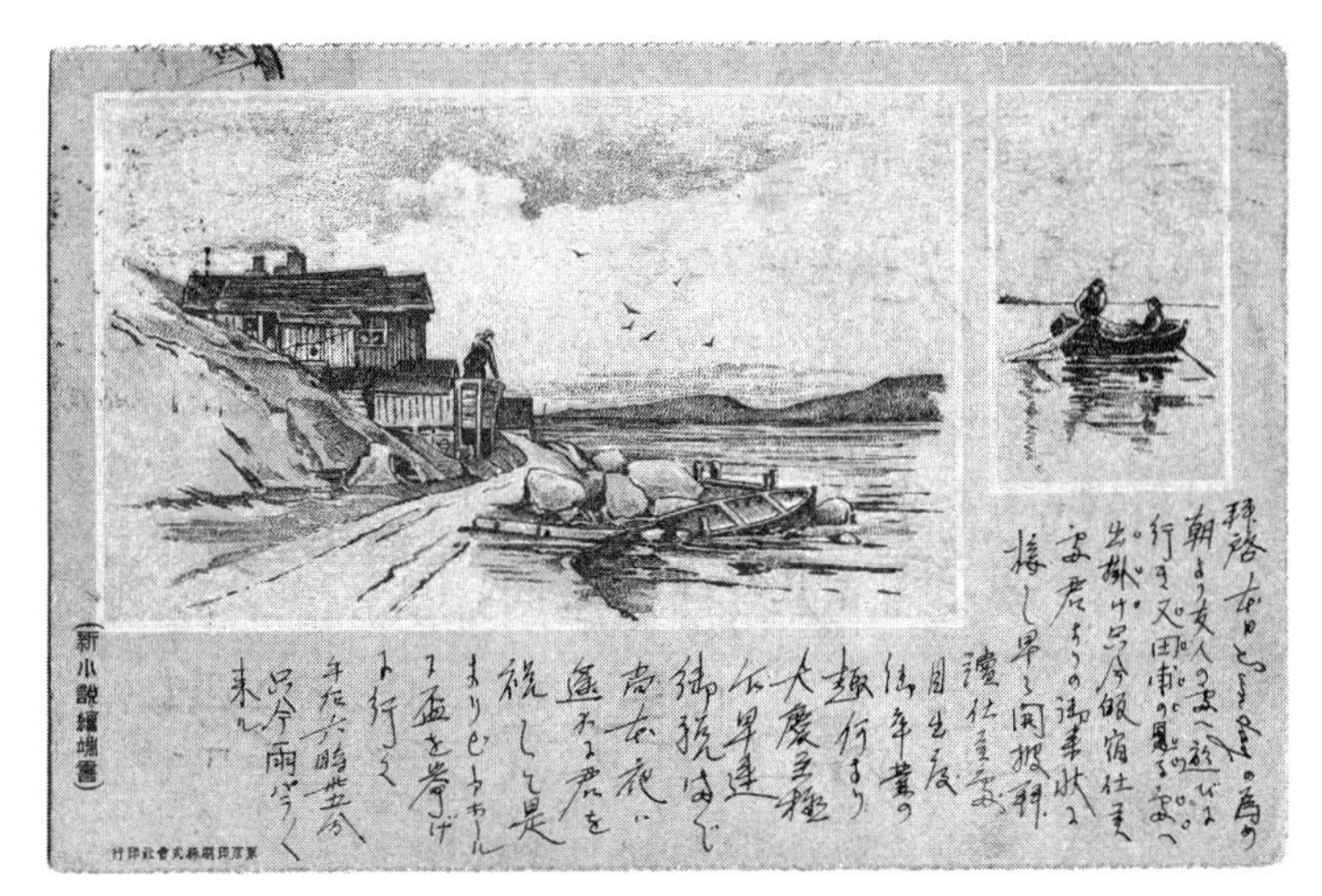

明治34年（1901年）『新小説』７月号に付けられた絵はがき。「拝啓　本日Sundayの為め朝より友人の処へ遊びに行き又田圃の見える処へ出掛け只今仮宿仕候処君よりの御書状に接し早々開○拝読仕候処目出度御卒業の趣何より大慶至極乍早速御祝まで尚本夜ハ遙かに君を祝して是よりビアホールに盃を挙げに行く　午后六時三五分只今雨パラパラ来る」（明治34年７月７日名古屋消印）。

日露戦争の慰問袋には通信用の絵はがきもしばしば入れられた。これはそうした絵はがきを利用して戦地から滋賀県の知人に送られた絵はがき。「お手紙を下さつて有がたふ。あなたには先づ達者と聞いて悦んで居ます。次に小生も無事　安心して頂戴。神戸より送りて下さつたから君に一枚送ります。サヨナラ」明治38年11月23日付。

絵葉書二十葉挿で、桐縁装が一個一円二十銭位之を古手で購買したら其の半額で買入られる。

（「絵葉書の小売」）

つまり、当面はディスプレイ用の箱や台が必要だが、それもごく安価である、という話である。では絵はがきの仕入れはどうかというと、「セリ」と称する絵はがきの仲買人がいて、「絵葉書屋を開店したら、毎日のやうにセリがうるさいほど来るので、商品は居ながらにして仕入られる」。

絵はがきの種類はどうか。当時の絵はがき業者は「ブルマイド」「コロタイプ」「石入」「意匠画」の四種類に分けていた。

「ブルマイド」すなわちブロマイドは、美人絵はがきなどの人物絵はがきであろう（上図）。「石入」というのは絵はがきの要所要所に、小さな宝石のような石を貼り付けて装飾したもので、「目下のところでは舶来品まがひが多い」とある（下図）。「コロタイプ」はコロタイプ印刷を用いた写真絵はがきで、風景写真絵はがきなどがこれに含まれると考えられる（上図）。

「意匠画」というのは、写真ではなく絵やイラストを用いた絵はがきのことで、「洋画もあれば水彩画もあり、蒔絵もあれば文人画もある」。さらにその印刷方法も、「木版刷、石版、肉筆」などとバラエティ豊かである。

こうした絵はがきを「和装舶来を取りまぜ一種十組くらい揃へ。九尺間口の店飾りをするには商品を百円程仕込んだら普通の絵葉書屋の店が開かれる」。

明治期にコロタイプ写真を用いた風景絵はがきを多数発行したトンボ屋の「横浜元町通」絵はがき。画面左端に絵はがき屋が写っており、いわゆる「ブルマイド絵はがき」の一種である美人絵はがきが多数飾られているのがわかる。1908年7月17日神戸消印。

「日本茶屋、コニーアイランドのドリーム・ランド」絵はがき。「あなたのコレクション用に送ります」と通信文が添えてある。建物の稜線が光っているのは、「石入」すなわち細かい金銀の砂が貼り付けてあるため。1906年6月8日ニュージャージー消印。

一種類たった十組というのは、現在の古絵はがき屋の常識から考えると、意外なほど少ない品揃えであるが、最新の絵はがきだけを店頭に並べるのであれば、この程度で十分だったのだろう。うっかり買い込み過ぎると、流行に遅れて古くさい品がだぶつくかもしれないわけだが、その場合には「絵葉書の福袋」を作って売り切ればよい、とある。

以上のように、絵はがき屋は、日露戦争後のこの時期、きわめて儲かる商売であった。

のちに竹久夢二と結婚する岸他万喜（たまき）が、早稲田で絵はがき屋をまかされたのには、このような時代背景があった。

肉筆と印刷のあいだ

明治・大正期の絵はがきを繰っていると、ときおり肉筆の絵はがき、それも、おそらくはしろうとが描いたと思われる絵はがきがしばしば見つかる。当時、絵心のある者は、既成の絵はがきでは飽きたらず、自ら絵はがきの絵を描いた。それがどんな気分のもとに行なわれたかをよく表わしているのが、『詩的絵はがきの栞』に載せられた以下の文章である。

ものずきなる手合は出来合の印刷物でもあきたらず、ここに水鳥会（すいちょうかい）と云ふをおこし、巌谷小波（いわやさざなみ）、久保田米斎（べいさい）、岡田朝太郎（あさたろう）、鳥居清忠、堀野文禄などいふ通人輩が寄り合ひて、各自持ち寄りの無地の葉書に、甲画けば（か）乙賛し丙に図あらば丁句をものして、即座に出来た絵葉書を互ひの後の紀念として又はその場から直ぐに知友に宛て丶送るといふ随分凝つた趣向があるが、当意即妙の製作だけに後ではとても得られぬ様な面白いものが出来るといふ。

（『詩的絵はがきの栞』明治三八年）

なんとも楽しそうなこの文章からは、製作の個人性からも、深刻な推敲からも、作品の所有欲からも自由な、「当意即妙」さと気前のよさが伝わってくる。

ちなみに、この遊びに興じている巌谷小波は、絵はがき先進国であるドイツで、一九〇〇年から二年間滞在した経験があった。博文館で数多くの本や雑誌の執筆・編集に携わっていた彼は、日露戦争期の絵はがきブームに乗じて発行された『ハガキ文学』（博文館）の編集にかかわった。これは、単に絵はがきそのものだけを扱うのではなく、絵はがきのような小ささ、読みやすさを備えた文章の可能性を追求する雑誌だった。絵はがきは文学の気分にも影響を与え始めていたのだ。

この時期の絵はがきを語る上で見逃せないのが、明治期後半の投稿雑誌の流行である。博文館の『中学世界』や『文章世界』は、文学を志す者にとっての登竜門的な役割を果たし、内田百閒や加藤武雄などさまざまな小説家を排出したが、こうした雑誌には、「コマ絵」と呼ばれるカットがあちこちに散りばめられており、このコマ絵についても、投稿の募集が行なわれていた。

日本の絵はがきでは、明治四〇年（一九〇七年）になるまで通信欄を宛先欄に設けることが禁じられていたため、通信文と絵は一つの画面に同居した。コマ絵は、独立した画面を構成するのではなく、文章の片隅や合間にはさまれる点で、絵はがき的な性質を持っていた。

明治三八年、画家を志していた竹久夢二は、『中学世界』のコマ絵部門にデッサン風のカットを投稿し入選する。これがきっかけとなり、彼は各種の新聞や雑誌の表紙絵やコマ絵を描くようになる。

じつは、夢二にとって、絵はがきはキャンバスであった。

日露戦争期、荒畑寒村や岡栄二郎と交流していた夢二は、生活の糧に肉筆絵はがきを描いていた。「ハガキ大の画用紙に水彩で絵を描いて鶴巻街や目白周辺の絵ハガキ店に卸して、後日その売上げを集金してまわっては生活費にあてていた」（『寒村自伝』）。

山田俊幸は『明治美術絵葉書』（生田誠＋山田俊幸、スムース文庫09）で、竹久夢二と他万喜、そして絵はがきとのかかわりを活写している。それによると、経緯はこうである。

明治三九年（一九〇六年）十月一日、他万喜は実兄の絵はがき店「つるや」の支店を、早稲田の鶴巻町に開く。開店早々、学生でおおいに繁盛し、「仕入先も知らぬ田舎でのお嬢さん上がりの私がめんくらつてしまひ夜のランプの用意もなし学生さんだけだからと夕方お店をしまつては一日の売上げを持つて夜買出しにゆく状態でした。毎日売切るほど流行る店になりました」という状態だったという。

そして、夢二が来たのは、なんと開店してからわずか五日目のことだったらしい。他万喜の店に早々に気づいたのは、もしかすると、卸し先の絵はがき屋を物色していたせいなのかもしれない。

夢二は、つるやの店のために肉筆絵はがきを多数描いたのち、新たな店「港屋」を日本橋に開かせ、自分の描いた絵封筒や絵はがきを売った。さらに、描き続けたコマ絵を画集として発行し、これが当たりをとると、「つるや」から、明治四三年（一九一〇年）から大正九年（一九二〇年）にかけて月刊の絵はがきを発売するようになる（左図）。

ちなみに、絵はがきのさまざまなスタイルをことごとく滑稽に変換した怪作、宮武外骨編集の『絵葉書世界』（明治四〇年―四二年）にも、竹久夢二はなべぞ、黒坊とともに絵師として参加している。

つるや発行の竹久夢二絵はがき「川べの歌」。他万喜と別れたあとのもので、早稲田支店ではなく九段から発行されている（未使用）。

当時の美術家が、美術館などで肉筆画を発表することを目指したのに対し、夢二は、雑誌や絵はがきといった印刷媒体を発表の場とした。

しかし、それはただの印刷物ではなかった。

独特でありながら、少し絵心のある者になら描けそうに見える、シンプルなスケッチ。高尚な静物画ではなく、身近な生活の一場面で息づく人々。彼の絵は、じっさい、盛んに模倣された。夢二の絵はがきが売れ出すと、彼のスタイルを彷彿とさせるさまざまな画家が登場し、似たムードを漂わせる絵はがきがいくつも発行された。

夢二の絵は単に美しい鑑賞物であるだけでなく、見た者が思わず真似てみたくなる絵であり、描くこと、書くことを喚起する絵であった。日々の生活を見回せば、夢二の描くような光景が見つかった。夢二の絵はがきを買い、その絵に似合う筆跡で自分の文章を書き添える。それは、夢二のように描くことであり、夢二のようにことばを送ることであった。

夢二の絵はいわば、肉筆的な印刷物だったと言えるのではないだろうか。

同じことは、明治期の「水彩画スケッチ」ブームにも言えるだろう。

生田誠は『日本の美術絵はがき1900→1935』（淡交社）の中で、水彩画スケッチのブームと絵はがきとの関係を指摘している。重厚な油絵の洋画にくらべて、水彩画スケッチは、見る者に気軽に描くことを促

三宅克己の水彩画絵はがき（明治39年6月25日付、東京発、軍艦松島宛）。日本葉書会発行。

した。水彩専門誌『みづゑ』が刊行されると、それは大衆が自ら水彩画を描くための手本としての役割を果たした。

そして、水彩画が描かれるのは、大仰なキャンバスではなく、一枚の紙の上であり、ワットマン紙に似た風合いを持つ絵はがきは、その画面にうってつけであった。浅井忠や、大下藤次郎、丸山晩霞といった人々の手による水彩画絵はがきが発行された。そうした水彩画家の一人、三宅克己（上図）は興味深いことに、夢二と同じく、博文館の『中学世界』『文章世界』といった投稿雑誌にしばしば口絵を提供していた。水彩画絵はがきもまた、肉筆的だったのである。

漱石は小彩画の趣味を持ち、知人に何枚もの水彩画絵はがきを送っているが、彼の『三四郎』（明治四一年／一九〇八年）に、当時の水彩画ブームが窺われる場面がある。

三四郎が、東京での後見役である野々宮を訪れると、妹よし子が、水彩画で庭を描いている。

「画を御習ひですか」
「えゝ、好きだから描きます」
「先生は誰ですか」
「先生に習ふ程上手じやないの」

それはどうやら謙遜ではない。よし子の腕は、「藁葺屋根の黒い影を洗つてゐたが、あまり水が多過ぎたのと、筆の使ひ方が中〲不慣なので、黒いものが勝手に四方へ浮き出して、折角赤く出来た柿が、蔭干の渋柿の様な色になつた」というほどなのである。

しかし、『三四郎』のこの場面からわかるのは、よし子の腕だけではない。何も先生について本格的に習う必要はない、腕がどうあれ、描きたいと思う人は道具を手に入れて描き始めることができる。そんな水彩画スケッチの気軽さ、垣根の低さが、読み取れるのである。

封書の温かさ・はがきの冷たさ

夏目漱石が留学先のロンドンにたどりついた一九〇〇年一〇月は、ちょうど日本で絵はがきの使用が始まった月であった。しかも、イギリスは一大絵はがきブームを迎えていた。清水一嘉『自転車に乗る漱石』

（朝日選書）に活写されているように、漱石はロンドンから、正岡子規をはじめ知人宛に何通もの絵はがきを書き送った。こうした経験を持つ漱石の小説が、絵はがきをはじめとする郵便メディアをきわめて意識的に扱っているのは、偶然ではあるまい。

漱石の小説に登場する絵はがきとしてもっとも有名なのは『三四郎』の「迷へる子（ストレイ、シープ）」の絵はがきだろう。明治四一年（一九〇八年）の九月から一二月に連載されたこの小説は、はがき登場後の郵便の集配を考える上で興味深い小説である。

この小説の鍵となる三四郎に届く郵便物を、漱石はじつに入念に配置している。

三四郎が「下宿へ帰つて、湯に入つて、好い心持になつて上がつて見ると」机の上に美禰子から届いた「迷へる子」の絵はがきを見つける。ここで、人心地ついた三四郎の不意をつくように絵はがきが現われるのは、けして偶然ではない。

郵便物が周到なタイミングで三四郎の目の前に現われるのは、三四郎が下宿をしているからである。三四郎は郵便配達夫から直接郵便物を受け取るのではない。配達夫の不意の来訪を受けるのは、家の者である。郵便物はそこでいったん受け取られ、三四郎宛てのものだけが選り分けられる。配達夫から下宿人の部屋までの短い道のりを配達するのは、下女である。しかし、下女は単に気まぐれに配達するのではない。彼女は三四郎がいつどこで受け取るかを、郵便物の種類によって調整している。

たとえば母親の手紙の場合はどうか。三四郎が「着物を脱ぎ換えて膳に向ふと、膳の上に、茶碗蒸と一所に手紙が一本載せて」ある。あるいは、「机の前に坐つて、ぼんやりしてゐると、下女が下から湯沸（ゆわかし）に熱い湯を入れて持つて来た序（ついで）に、封書を一通置いて」行く。

　母親からの封書は、しばしば温度を伴う。それらは「茶碗蒸」や湯沸に入れられた「熱い湯」とともに届けられる。あたかも温かい食べ物や飲み物のごとく、まるでいましがた用意された料理のように、手紙はたっぷりとした中身を含んで三四郎のいる二階へと運ばれてくる。三四郎はときにその温かさを厭うように「取り敢ず食事を済まして」煙草を吹かし、ときにはその温かさを求めるようにすぐさま封を切る。

　美禰子からのはがきの場合はそうではない。それは、下女から手渡されることはない。それは必ず、三四郎のいないあいだに机の上に置かれ、机の上で冷却される。三四郎がはがきを発見するとき、そこには配達人の姿も温もりもなく、はがきはあたかも天から降ってきたごとく二階の机に置かれている。

　じつは、三四郎のもとに届く郵便物は、下宿屋によって周到に管理されているのである。下宿屋は三四郎宛の郵便物を検分し、分別し、その種類に応じて配達の温もりを添える。三四郎への郵便は、いわば郵便夫と下宿屋という、二重の配達人によって届けられているのである。

　そして、こうした配達の気配の有無は、三四郎をとりまく世界の構成にかかわっている。三四郎は、母親のいる郷里を「明治十五年以前の香（か）がする」遠い世界と感じるいっぽうで、美禰子のような女性のいる世界に新しさと近づき難さを感じる。郷里が遠いのは、それが配達の温もりを介さなければならぬほどに遠いからであり、美禰子のいる世界が新しく近づき難いのは、そこに配達の温度が欠けているからである。

　二つの世界の新旧には、はがきと封書という、二つのメディアの新旧も重ねられている。「巻き収める」のが必要なほどの書状に長々と書かれた母親の手紙に比べて、美禰子の絵はがきの軽さは「電燈」や「銀匙」や「泡立つ三鞭（シャンパン）の盃」のように新しい。

美禰子の世界の新しさは、配達人に見られることも意に介さず、「迷へる子」のような謎めいた絵を書き送る時代精神の新しさでもある。美禰子は個人的なことばや絵をしるしながら、それが宛先人の外に漏れていくことを厭わない、新しい感覚の持ち主である。

広田先生は美禰子を「一種の露悪家」と評する。先生の語る「偽善」と「露悪」の議論は、あたかも、手紙の形式性に対する絵はがきの開放性を評するかのようである。

> 臭いものの蓋を除（と）れば肥桶（こえたご）で、美事な形式を剝ぐと大抵は露悪になるのは知れ切つてゐる。形式丈（だけ）美事だつて面倒な許（ばかり）だから、みんな節約して木地丈で用を足してゐる。甚だ痛快である。天醜爛漫（てんしゅうらんまん）としてゐる。
>
> （『三四郎』）

では、美禰子の「迷へる子」絵はがきは、単に男女の秘密を漏らすことをおそれない「露悪」的なもの、ということになるだろうか。いや、そう簡単には測り切れない。

もし三四郎に宛てたメッセージが本当に大事な秘密であるならば、手紙にすればよさそうなものだ。が、手紙という形式は、そこに何か隠すべきものがあることを露呈してしまう。あたかも他の人に隠すべき何かが、二人のあいだにあるかのように見えてしまう。むしろ、手紙こそ、周囲の憶測を呼ぶ不用意な形式なのである。

いっぽう、絵はがきという形式は、配達のあらゆる段階で人の目にふれる。目にするものの前に、そのすべてがさらされる。そのことで、自分には隠すべきものがないことを露骨に示す。

いや、そこにあえて隠れているものを見いだそうとする者が一人だけいる。

それは宛先人である。

もし、絵はがきに謎が籠められているとすれば、それは、他の人が目にしたとしてもその存在に気づきえないような謎であり、自分だけにわかる謎である。でなければ、絵はがきというあからさまな形式を取りうるはずがない。少なくとも、宛先人には、そう思い込む資格がある。

三四郎は手紙によって、秘密を打ち明けられたのではない。絵はがきによって、謎の存在に気づく資格を与えられたのである。だから三四郎は、「stray sheep（ストレイ・シープ）」という謎に囚われ続けながら、美禰子の秘密にはいっかな到達しえない。

『三四郎』において手紙とはがきとの対比が用いられているのは、三四郎宛ての郵便の場合だけではない。『三四郎』で美禰子の姿が最初に登場するのは、有名な池のほとりの場面であるが、しかし、じつはその直後に、美禰子の書いた手紙が小説の中にちらと登場する。それは野々宮のポケットから半分はみ出した封筒の文字である。それは「女の手蹟（しゅせき）らしい」とわかるだけで、その内容は三四郎にはわからない。そこに秘密が含まれているとしても、それは野々宮だけに明かされる秘密である。

そして、物語の最後に、野々宮の隠袋（かくし）から一枚の活版摺（ずり）のはがきが出てくる。それは三四郎が思いを寄せ、そして野々宮もまたひそかに思いを寄せていたであろう美禰子の、結婚披露の招待状である。ここで、野々宮は、とっくに済んだ披露のはがきをずっと持っていたことを、図らずも露呈してしまうのだが、それは、隠袋に入っていたのが手紙ではなく、あけすけな一枚のはがきだったからだ。

美禰子の野々宮への便りは、含みのある手紙から、含みのない活版摺のはがきへと変化した。いっぽう、美禰子の三四郎宛ての絵はがきは、解決することなく、物語の終わりを宙に吊る。野々宮が「招待状を引き千切つて床の上に棄てた」後も、三四郎はひとり「迷羊（ストレイ・シープ）」とつぶやき続ける。そのことばの宛先は読者へと移る。

絵はがきの中へ

何時間も何枚もの絵はがきを繰っていると、だんだん頭の先がしびれたようになり、感覚が鈍ってくる。そうなると、もうよほど奇怪なしるしが刻み込まれていない限り、はがきに写しこまれた風景は、車で通りすぎるがごとく、ただめくられていく景色に過ぎなくなってくる。

しかし時折、ある風景絵はがきにふと手が止まってしまうことがある。紙箱の何百枚とある中の一枚が、まるでこちらの乾きを狙いすましたかのように不意打ちし、風景はこちらの感覚にみるみる浸み渡ってくる。

そうなると、まるでグラフォスコープ（覗き眼鏡）で写真を拡大したときに感じられる、あの、風景の中に自分が入り込んでしまったかのような感覚が、絵はがき屋の紙箱の前、雑然とした店の一角に訪れるのだ。

と、書くと、よほどの珍品が見つかったのかと思われるかもしれないが、じつを言えば、こうした絵はがきは、珍しいものでもなければ、とりたてて変わった風景が写っているわけでもない。

それはたとえば、「愛宕山頂城崎の眺望」と題された絵はがきである。時代こそ古いが、どこの観光地でも売られている、温泉地の全景を写した、他人にとってはなんということもない風景絵はがきの一枚に過ぎない。この種の絵はがきにとりたてて世間的な価値がないことは、古絵はがき高騰の最近でも一枚百円ていどで売られていることからわかる。蚤の市でなら、十円から数十円で手に入れることもできるだろう。将来も特に高値がつくことはあるまい。

では、なぜ、このような何の変哲もない絵はがきに、吸い込まれるような感覚を感じてしまうのか。それはひとことでは説明できない。

温泉と海

関西圏に住んでＪＲを利用する機会がある人なら、冬の駅構内のあちこちに貼ってあるカニづくしツアーのポスターに見覚えがあるだろう。それは、日帰りないしは一、二泊で冬の日本海でカニを賞味しつつ温泉につかるという旅への誘いであり、京阪神からすれば、城崎や香住といった兵庫県北部の地域は、こうしたカニ旅行の目的地として、所要時間も値段も手頃な場所なのである。

わたしもご多分にもれず、休日の山陰線に乗って二泊三日の城崎カニづくしの旅に訪れたことがある。

訪れてみるとわかるが、じつはカニ以上に、城崎という町じたいが不思議な場所である。何も志賀直哉が「城の崎にて」を書いたから言うのではない。京都から山陰線で城崎に行くまでの時間の流れには独特なものがある。丹波の低い山並みの中腹に、雲がたなびき、それが福知山を過ぎるあたりからずっと続いていく。人を驚かさないおだやかな山並みは眠りを誘う。夢のような山なのか山のような夢なのか、山がせばまり、後戻りのできない眠りをたどるうちに、列車が川沿いを走り始める。川幅はどんどん広くなり、山がひらけてくる。川がしどけなく河床を広げ、川というよりは小さな湖ほどの流域を占め、流れをこれ以上ないほど緩やかにしていくあたりで、城崎の駅に着く。それでようやく自分はカニを食いに来たのだと気づく。海はどこだろう。

しかし、駅から温泉地までてくてく歩き、あちこちの店をひやかしながら町中を進んでも、海はいっこうに現われない。むしろ小山が次から次へと風景に割り込んできて、次第に山間部に入るような錯覚を覚える。

城崎温泉は、いわゆる外湯方式をとっている。多くの客は、旅館の風呂では飽きたらず、案内地図を頼りに、あちこちの銭湯巡りをする。これらの銭湯はお互いに歩いていける場所にあるのだが、この外湯巡りがまたしても山間部の谷筋にいる感覚を覚えさせる。歩いても歩いても、まるで海の気配がないのだ。旅館では確かにカニづくしが待っているというのにちっとも海が見えない。そしてあたかも海を渇望するように、わたしは銭湯を探して歩いている。

納得がいかないまま湯船につかる。湯船、というのは妙なことばだ。船だから、水に浮かんでいるはずなのに、中に水があって外はたたきだ。湯桁をはさんでうちそとが逆になっている。まるで海を逆封した空間ではないか。してみると、銭湯の床は船のデッキであり（そういえばここはモップで掃除する）、湯船の中こそは海ではないか。湯桁にもたれてそんなことを考えていると、居ながらにして太平洋ひとりぼっちな感じになる。その太平洋で、それぞれの客が思い思いの姿勢で湯船につかっている。目の前の老人が、浅い底にうつぶせに手をついて顔だけ上げて、ヤゴのように止まっている。わずかな浮力のおかげで、下半身は水に浮いた格好になっている。ジェットバスの吹き出し口に下半身をあずけて浮いている人もいる。湯船のあちこちで生じるこの奇妙な浮力はなんだろうか。

城崎には弁財天もある。弁財天は銭湯からほど近い小高い丘で、そこからは小さな温泉街が一望できる。その位置どりは、まるで琵琶湖の竹生島だ。ということは、この弁天様こそ城崎の竹生島であり、城崎という町はいわば但馬の山々の水底である。次第に、温泉街そのものが海なのかもしれない、という気がしてくる。そういえば、なれない下駄で銭湯めぐりをしていると、文字通り地に足が着かない感じがするのだが、これもまた、この町をひたしている不思議な浮力だといえるだろう。

ともあれ、銭湯めぐりとカニで、海ならぬ海の気分にひたった後、多くの観光客同様、わたしもまた、本物の海を見ることなく、山陰線で京都へと戻ったのだった。

「愛宕山頂城崎の眺望」なる絵はがきを手に入れたのは、この温泉体験の数年の後のことだ。そして、絵はがきからわたしが少なからず衝撃を受けたのは、その写真に写しこまれた城崎という町の位置どり、何より、その遠方に広がる海だった。

城崎の南側から写されたその写真は、温泉地が持っている不思議な浮力の仕組みをあらわにしている。温泉地を囲んでいるのは、山というよりは、じつは小高い丘ていどのものにすぎない。にもかかわらず町が山に囲まれた窪地のように感じられるのは、丘が町のすぐそばまで迫り、町を取り囲んでいるからである。

そして絵はがきを見ると、ほんとうの海が、その小さな丘を越えた、ほんのすぐ先に写り込んでいるのである。町の背後にある北側の丘を見越して、円山川のゆるやかな流れのすぐ先に日本海が広がり、それは霞の中へと消えている。あたかも、ミニチュアの海のすぐ背後に、幽霊のようにほんものの海が姿を現わしているかのように見える。

そして、この二つの海の配置は、見る者の二つの姿をも浮かび上がらせる。すなわち、温泉地の浮力に湯あたりをしている自分と、温泉を見越し、すぐ先の日本海を見ている自分である。写真の中のある一点にいる自分と、そこからは見えない場所を見越している自分、この二つの視点が二つながらに感じられるとき、一つの写真は、見る者を写真の中に取り込みながら、しかもその写真が含んでいる水分の豊かさによって、見る者の渇望を風景で浸していく。

わたしが絵はがき屋の店先で感じた奇妙な感覚とは、およそ以上のようなものであった。

「ここにいます」

「城崎の眺望」同様、自分で訪れたことのある場所の絵はがきは、多かれ少なかれこちらの感覚に響いてくる。それは、そこに居たはずの自分と、そこに居ない自分との差、そこで見たものと絵はがきに写し込まれているものとの差が、居ることと見ることを同時に呼び覚ますからなのだろう。

ところがこうした絵はがきとは別に、まるで訪れたことのない地を写した一群の絵はがきの中に、同じような感覚を感じさせるものがある。

Distant view from mt, Atago, Kinosaki hot-spring 愛宕山頂城崎の眺望

「愛宕山頂城崎の眺望」絵はがき。右手前の小丘が弁財天。

「ルション」（ピレネー山中の保養地）絵はがき。差出人の滞在が示されている。1967年６月18日消印。

それはわたしが仮に「ここにいます」絵はがきと呼んでいる絵はがきである。

たとえば旅先の宿の売店に絵はがきが置いてあるとしよう。買い求めていくつか見ていくと、自分の泊まっている建物が写っているのがある。なんとはなしに眺めるうちに、いつの間にかその建物の中に、自分の部屋を探しているのに気づく。

そして、たまたま自分の部屋が写り込んでいるのがわかる。部屋の中に居る自分をよそから見れば、おおよその絵はがきのように見えるのだろう。絵はがきの中には自分のいる部屋、その中には自分、その自分がまた絵はがきを見ている。自分はこの身を離れて、目の前の絵はがきの中の中の中に入っていくようでもあり、背中から引きはがされて、この部屋の外の外の外に出て行くようでもある。前に後ろにこの身を移しては自分の居場所を狂わせて、それがひとしきり終わると、目の前にはただの絵はがきが置かれている。

それで、絵はがきに写しこまれている自分の居場所にぐっと矢印を入れて、こう書き入れることになる。

「ここにいます」

絵はがきの中に、いまいる自分の場所を見出して、そこに印を入れること。それは、何も新しいことではない。一八八九年、パリ万博でエッフェル塔から差し出された絵はがきの中にもまた、刷り込まれた塔の頂上に手書きでしるしのつけられたものがある。そうした絵はがきには、「ここにいます」「あなたと一緒ならよかったのに」などと書くのが通例だった。

コノトンネルヲ
通ッテ毎日登校
シテヰマス。
—不忍の池—
UENO LOTUS POND (TOKYO)

大正後期に発行された上野不忍池絵はがき。

安物の古い風景絵はがきを繰っていくと、しばしばこうした矢印や書き込み付きの「ここにいます」絵はがきに行き当たる。おそらく、絵はがきの長い歴史の中で、自分の居場所を書き込むという行為は何度となく繰り返されてきたのだろう。

しかし、絵はがきに自分の居場所を書き入れるのがありふれた行為であるからといって、それが書き手にとってつまらない行為であるとは限らない。むしろそれはどの書き手にとってもそれが特別な行為に感じられるということの証左である。そしてその感覚は、おそらくは受け取り手にも、感染したに違いない。

そのことを改めて考えるきっかけになったのは、一枚の古い東京絵はがきだった。そこには不忍池から上野の山を眺めたところが描かれているのだが、池端の小さな山門に向けて矢印が書き込まれており、そこには、こんなことばが添えられている。

「コノ『トンネル』ヲ通ツテ毎日登校シテキマス。」

多くの写真絵はがきの写実性に比べると、この絵はがきの絵はむしろスケッチ風で、雲や空の描線もざっとしたものに過ぎない。にもかかわらず、なぜか、この絵はがきは、こちらを風景の中に取り込むような、強い錯覚を感じさせる。それは明らかに、あとから付け加えられた矢印と書き込みのせいだ。

矢印は山門の入口を指しており、そのおかげで、絵はがきの見えない部分、山門の中へと見る者は誘われる。差出人はこの山門を「トンネル」と呼ぶ。

「トンネル」を見ながら、わたしたちはそこをくぐり抜ける感覚をなぞることになる。「トンネル」は差出人がいつも通っている学校への通路であると同時に、絵はがきを見る者を、差出人の現実へと誘う通路となる。自分の生活の場を目の前の絵はがきの平面に重ねる差出人の感覚を逆にたどって、わたしたちは絵はがきの平面から差出人の生活の場を感じようとする。そしてそれこそが、差出人の求めていることなのだ。

矢印と文字が誘っている先は、現実の不忍池だけではない。既製の風景に手書きで書き加えられた矢印と文字は、風景とは別の層、すなわち、まさに書き手がペンを入れようとしている部屋の空気をまとっている。何の変哲もない風景画と、それを机の上に置き、それを眺め、文章を思案している差出人との間に、この書き込みは位置している。そしてこの書き込みを梃子(てこ)にして、書き手のいる部屋の空気が、絵はがきの中から読み手の側に割って入ってくる。

かくして矢印は、「トンネル」の右と左に、二つの空間を押し開く。トンネルの右、矢印の書き込まれた部分には書き手のいる部屋が、そしてトンネルの左には書き手の通っている学校に続く道が開けており、「トンネル」はあたかも、書き手のいる親密で小さな部屋と、蓮池を渡る風をまとった通学路とを接続する隘路であるかのように秘密めいてくる。

絵はがきの中の卑小なわたし

このような感覚に浸されているとき、わたしたちは、異なる場所を感じるだけでなく、異なる二つのスケールを感じている。つまり、絵はがきに書き込む者や見る者のもつ等身大の大きさと、矢印の先ほどに縮小された絵はがきの中のごく小さな自分という、二つの大きさである。そして、これら二つのスケールの違いはそのまま、わたしたちを取り巻く世界の大きさと、その中にある卑小なわたしたち自身の大きさとの違いへと変換される。

ただ絵はがきの写真に書き込みを入れただけでこの奇妙な感覚が生じるわけではない。たとえば、古い観光絵はがきには、写し込まれた建物や山々の名前に注釈の付けられたものがよくあるが、それが、単なる説明書きである限り、差出人の卑小さは伝わってこない。差出人はただ、絵はがきの外から自由に注釈を入れることのできる存在であり、それはおそらく、絵はがきを手に取っているわたしたちと同じ大きさをした人物に過ぎない。

ところが、差出人が差出人自身の訪れた場所、もしくは宿泊している場所に注釈を入れるとき、そして、差出人の書き入れた矢印や文字の先に差出人の気配が感じられるとき、そこには絵はがきに入り込むことのできる通路が開いてしまう。そして差出人は、その通路から絵はがきの中へと消えてしまう。

たとえば、ルガーノ湖から差し出された一枚の絵はがきを見てみよう。広大な湖の中に橋が渡されており、そのたもとの小さな街に「melide」という文字が記されている。差出人は、これ以外に何のメッセージも書いていない。

絵はがきをよく見ると、右上にはあらかじめ、「ルガーノ湖、メリデ橋」というタイトルが付けられていることがわかる。〈メリデ〉は、単にそこに架けられている橋の名前であるだけでなく、そのたもとの小さな街を指すらしい。そして、差出人は、このきわめてローカルな写真を見て、そのタイトルにある「メリデ」がどこに当たるのかを正確に指し示すことができるだけの知識を備えている。それはメリデに訪れたか、このメリデを宿泊先と決めた者だけにできることだ。

この絵はがきを見たとたん、わたしたちは以上のような事情を一挙に把握する。と同時に、書き込みの真下、広大な絵はがき世界の中の小さな一点に、差出人の気配を感じる。小さな文字を書き残して、差出人はルガーノ湖のほとりに気配だけを残して消える。そこで、読み手であるわたしたちもまた、差出人の気配をたどって、「melide」の文字の下に潜り込めるほど卑小になる。そのとき、絵はがきのルガーノ湖は途方もない大きさへと広がり始める。

スケール・エラー

発達心理学者のデローチェらは、二〇〇四年の雑誌『サイエンス』で、「スケール・エラー」と呼ばれ

「ルガーノ湖、メリデ橋」絵はがき。上部に画鋲のあとがあるのは、受取人が壁に飾っていた証拠だろう。1913年6月26日消印。「melide」と岬の名前が小さく書き込まれている。

る興味深い幼児の行動を報告している(*)。

スケール・エラーは、一八ヶ月から三〇ヶ月の幼児に時折見られる行動で、幼児たちは、人形ごっこの椅子に座ろうとしたり、ときにはミニチュアカーの中に入ろうとする。デローチェらは、こうした現象の起こる理由として、幼児期において視覚と運動系の統合が未発達であることを挙げ、この行動を「エラー」として扱っている。

ところで、このスケール・エラーという現象には、もうひとつ、おもしろい問題が横たわっている。それは大人であるわたしたちが、こうした幼児の行動を、単にでたらめなものと見るのではなく、「スケールのエラー」として感じることができるという問題である。つまり、大人は、ミニチュアカーのドアを開けて前脚を上げ下げしている子供を見て、ただむやみにじたばたしていると思うのではなく、そこに、「ミニチュアカーに入ろうとしている」という意図を読み取ろうとするのである。もし、「ミニチュアカーに入ろうとする」のがほんとうに馬鹿げたことであるなら、むしろ不思議なのは、車と幼児との間に、「ミニチュアカーに入る」などという馬鹿げた関係を読み取ることのできる大人の感覚のほうではないだろうか。

となれば、こうした幼児の行動を単なる「エラー」と呼ぶのは、いささか不公平に思われる。つま先こそ差し入れようとはしないものの、大の大人もまた、「ミニチュアカーに入ろうとする」感覚を理解することはできるのだから。

もしかすると、人は、幼児から大人になる過程で、「スケール・エラー」の能力を失うのではなく、むしろその能力をさらに過剰に行使するようになるのかもしれない。なぜなら、わたしたちは、絵はがきの中の卑小な自分を表現し、そしてそれを感じることができるからである。

もちろん、わたしたちは、絵はがきの中につま先を入れようとはしない。その感覚は理解できても、悲しいかな、実行に移せば「エラー」と見なされてしまうのが現実だ。

そこで、大人は、つま先を入れる代わりに、絵はがきの中にそっと矢印を書き入れるのである。

（＊） Judy S. DeLoache, David H. Uttal, and Karl S. Rosengren, "Scale Errors Offer Evidence for a Perception-Action Dissociation Early in Life", *SCIENCE*, vol.304, 1027–1029, 2004.

旅する絵はがき

子供のころの物集め癖をくすぐったもののひとつに、永谷園のお茶づけ海苔についてきたカードがある。即席のお茶づけ海苔を買うと、袋にカードが一枚入っている。それが、広重の「東海道五十三次」の一枚なのである。

わたしは物心ついて間もない頃に、このカードに出会ったと記憶している。もちろん当時、広重がどういう人かも、五十三次とはどういうことなのかも知らなかったが、カードを数枚並べると、すぐに集めたくなった。同じ大きさ、同じ厚さ、そして絵の形式もまた似通っている。それは揃えること、集めることを誘っている。

新しいお茶づけ海苔を買ってもらうと、すぐに袋を破ってカードを取り出した。五三枚あるなら、滅多に同じものに当たるはずがないのだが、なぜか蒲原がだぶることが多く悔しい思いをした。

「東海道五十三次」カードは、昭和四〇年から少なくとも昭和四八年までお茶づけ海苔のオマケであったらしい（その後、「東西名画選セット」という名のもとにこのカードは再び復活する）。それぞれが同じ形式を有し、ひと揃い集めると別の意味が発生する。いま考えるとこの方式は、ビックリマンチョコなどを経て現在の食玩ブームにつながる、なかなか秀逸なアイディアだった。

じつは、五十三次をすべて集める必要はなく、ダブリも含めて二〇枚をまとめて応募すれば、もれなく五十三次セットがもらえる仕組みだった。が、二〇枚を越えてからも、ついにその応募はせぬままに終わった。自分で集めて手あかのついてしまったカード、日本橋のたもとに醤油の染みのついてしまったカードがなんだか惜しくなってしまったのだ。それに、じつを言えば、セットをまとめて送ってもらうことよりも、新しいカードを一枚また一枚と手に入れることのほうが楽しかったのである。

よくよく考えてみれば、同じ形式によって集めることを誘うというのは、東海道五十三次じたいが持っている性質である。広重の浮世絵じたいが、連作形式をとることによって、集めること、揃えることを誘っている。わたしたちが集めなければ、五十三次はただばらばらに点在する土地に過ぎない。それらが「東海道」というひとつながりになるためには、わたしたちは集めなければならない。そして「東海道」が「道」である以上、それは、集めるという旅になるだろう。

消印を求めて

絵はがき屋の店先で、東海道中膝栗毛の戯画絵はがきの揃物(そろいもの)を見つけたことがある。コロタイプ印刷に合羽刷りの着彩で、状態はなかなか良い。ちょうど喜多川周之氏が『歴史読本』(一九七六年五月号)の連載で紹介していたものと同じだった。実物を見るのは初めてだったので、袋から出してみた。どの絵はがきにも切手が貼られ、消印が押してある。酔狂な誰かがわざわざあちこちの使用済み絵はがきを集めて一つのコレクションにしたのだろうか、と思いながら繰るうちに、ふとあることに気づいて手がしびれてきた。

小田原の絵はがきの消印をよく見ると「駿河／小田原」なのである。おや、と思って次をめくると、今度は箱根の絵はがきに「相模／箱根」の消印が押してある。もしやと思い次々めくっていくと、驚くべきことに、いちいち絵はがきの景色と消印が一致している。遠く離れた石薬師や水口の絵はがきにまで「伊勢／石薬師」「近江水口」の消印が押してある。

消印の日付を見て、さらに驚いた。すべての日付が明治三九年八月の、およそ十日間の間に収まってしまうのだ。裏には宛先も差出人の名前もない。ということは、これらの絵はがきは投函されたものではない。絵はがきの持ち主は、まずこの膝栗毛絵はがきを買い求め、それを投函するかわりに、各地の郵便局を回って、消印だけを押してもらった、ということではないだろうか。

えらいものを見つけてしまったと思い、連作のすべてをまとめ買いし、持ち帰ってから落ち着いて日付の順番を調べてみた。なんと、日付は、東京から正確に西に向かっていた。

旅立ちは早朝である。日本橋の絵はがきの消印は、八月二〇日前五—六便。続く品川は同じ八月二〇日の〇一イ便、川崎から神奈川、保土ヶ谷、藤沢までは、〇二ロ便、前九—一一便、〇二ロ便、〇四ニ便と快調に進んでいる。ここまでが第一日めだ。二一日は平塚、大磯、小田原。二二日は箱根、三嶋、沼津。二三日は蒲原、由比、興津、江尻。ご丁寧にも、東から西に、イロハニと早い便から遅い便の消印になっている。仮に汽車で移動したと考えても、いったん降りてから郵便局まで移動して消印をもらい、ふたた

東海道中膝栗毛戯画絵はがき「日本橋」。東京の消印、明治39年8月20日、前5-6便。

び汽車に乗り込む時間を考えると、一日に三、四局というのは当時の運行の頻度から考えて、かなり難しい。

この時代は、健脚家であれば、一日数十kmのペースで歩き続けることはあり得た。むしろ弥次喜多にならって、東海道を徒歩で旅した可能性の方が高いのではないだろうか。

それにしても、ただ消印を集める旅、などという物好きなことをする者が、ほんとうにいたのだろうか。これらの消印は、じつは誰かと手分けすることによって得られた産物なのではないだろうか。

そのような疑念は、終着点近くの消印を見ることで消え失せた。着実に西に歩を進めた消印は、三〇日には土山に始まり水口、石部、草津と近江の町を回りきり、日を改めて翌三一日、大津の消印、前一一―后一便で終わっているのである。それまで必ずその日の午前の早い消印で始まり、数カ所を回っていたのが、いよいよ終着点に近づいたところで、ゆっくりと昼に消印が押されている。

日付と時刻から感じられるこの呼吸は、明らかに一続きの旅のみが生みだしうるものだ。絵はがきの主が、旅の終わりにのぞんで、気持ちを改めるさまさえ伝わってくるようではないか。

わたしには、この絵はがきの主の気持ちがわかるような気がする。まず、「東海道中膝栗毛」がひと揃い手に入る。しかし揃物として入手されたそれらの絵はがきには、一枚一枚を集めるという時間の流れが欠けている。

「沼津」。駿河沼津の消印、明治39年8月22日、ハ便。

「桑名」。桑名の消印、明治39年8月29日、前11-后１便。

「大津」。大津の消印、明治39年8月31日、前11-后１便。

この絵はがきの持ち主は、時間の欠けた揃物に、新たに時間の流れを刻むべく旅人となったのではないか。それは集めるという行為をなぞる旅だったのではないだろうか。

タンス

近頃では、絵はがき屋に行くと、「インターネットのオークションで探したほうがいいですよ」と言われることが多い。なるほど、ネットでは、狙ったものをすばやく検索することができ、すばやく珍品にたどりつくことができる。しかし、絵はがきを繰る独特な時間は、なかなかネットで体験することはできない。というのも、ネットの場合、絵はがきは「絵」の内容や絵はがきの形態によって分類されるからである。

たとえば絵はがき屋で紙箱を漁っていると、なぜか似た趣味のものが続くように感じられる場合がある。おかしいなと思って表書きを見ると、案の定、同じ宛名の絵はがきだ。おそらくひとつのタンスの引き出しから出たものだと思われる。このような「タンス」感覚は、インターネット・オークションで得られない。

異なる場所から、異なる時間に差し出されたはがきたちが、同じ宛先を得てここに集っている。そう思うと、それまでバラバラに見えた絵はがきの連なりが、にわかに別の意味を帯び出す。日付が近いものが見つかればなおさらだ。幾枚ものはがきが、それぞれに絵の趣向を凝らしながら、異なる土地から、宛先人の病気を見舞っている。あるいは試験の成功を願っている。

同じ差出人からの手紙が何枚も続く場合もある。それらを時間順に並べていくと、差出人と宛先人との関係が透けて見える。そうなると、絵柄だけではがきを選ぶのは惜しくなり、同じ宛先のものをまとめて買ってしまうことになる。

だから絵はがき屋の店先で、一度出した絵はがきを箱に戻すときには、少し気をつかわなければならない。絵柄が違うからとうっかり別のところに戻すと、「タンス」が壊れてしまうのである。

絵はがきを探して

ヨーロッパの主な都市には、古い絵はがきや切手を扱う店が一軒や二軒はある。しかし、どんなに詳しいガイドブックも、さすがに絵はがきの店までは紹介していない。観光案内所でどこか絵はがき屋はありませんかと尋ねても、近くの土産物屋を紹介されるのがオチだ。

効率のよい探し方は、あるにはある。まず、その土地のことばで「絵はがき」を何と呼ぶかを調べる。それがわかれば、あとは職業別の電話帳を繰って、電話をかけ、その場で行き方を訊けばよい。これは、絵はがきに限らず、コレクター一般がよく使う方法だろう。

しかし、絵はがきはときに、他の紙ものとともに売られていることもある。そうした店は、電話帳方式では探り当てることはできないから、自分の足で探すより他ない。足で探すといっても、あてずっぽうに歩いて絵はがき屋に出会う確率はさほど高くない。そこで、行く先々で訊いて回ることになる。古書店や骨董屋の主人なら、ずばりその場所を知っていることも多いし、少なくとも、なんらかの手がかりは知っている。教えられた場所には素直に行けばよい。それがたとえ、見知らぬ町の聞いたこともないような駅のそばであったとしてもだ。

見知らぬ土地でうまく迷うのは難しい。あてもなくぶらぶらしていれば、もちろん行ったことのない駅に降り、行ったことのない小路に入り込むことはあるだろう。しかし、あてどなさにまかせ過ぎると、足の向く先は、逆に自分の性癖や好みに強く縛られることになる。思いがけない場所に出るには、目的地が必要だ。

古絵はがき屋というのは、なかなかよい目的地だ。繁華街から少し離れている。かといって、まったくの住宅地というわけでもない。それはたいてい、古いものを好む人々が、ポケットに収まる小さな紙片を求めてふらりと寄る場所にある。ある店は骨董市の指定席にあり、別の店は由緒正しいパサージュの中にある。絵はがき好きは古書好きと重なっていることが多いので、絵はがき屋の近くにはたいてい古書店がある。

ヨーロッパの絵はがき屋では、特別なものを除いて、たいていの絵はがきは紙箱に入っている。店に入ったなら、まず自分の好みのジャンルを言う。すると、適当な紙箱が出てくるから、用意された椅子と、木板の前に座り、中の絵はがきを繰っていく。目当てのものがなければ、「ありがとう」と言って紙箱を返す。好みのカテゴリーが決まっていれば、ものの五分で用事は済む。近所に住んでいれば、ちょっとした散歩のついでに気軽に寄ることができる。うっかり買いすぎたとしても、絵はがきならたいして荷にならない。あとであちこち歩き回るにも便利だ。

行く先々で人に教えられた通りに絵はがき屋を何軒も回り、そのつど絵はがきを繰っていると、次第に繰っているのが絵はがきなのか自分なのか判然としなくなることがある。これでは、道案内人によって差し出された郵便物となって、ただふらふら宛先を求めて歩いているだけではないか。

リスボンでも、そんな風に何軒かの店を訪ねて、坂を上り下りした。リスボンの人々は概して親切で、ひとことふたこと道を訊くと、山のようなポルトガル語で応じてくれる。ただ、困ったことに、正確な道案内に行き当たるのが難しい。ある人は映画館のそばだといい、ある人は道を二本行ったところだという。素直に案内に従って歩いていくと、どうも紙ものの気配のしない方に離れていく。それで、行く先々で道を訊き直すことになる。

泥棒市で「絵はがきが好きならここは絶対に行くべきである」と、一軒の本屋を教えてもらった。住所からそれは、ファドハウスの集まる坂の多い地域だと知れた。

通りの名前を探し当て、確かにこのあたりだと思うところで見回してみるが、それらしい店は見あたらない。間違ったのだろうかと坂を過ぎ、あたりをぐるぐる巡って、そのあいだにも何軒かの古書店に行き当たり、そのつど少しずつ冷やかしているうちに、すっかり時間が経ってしまった。

もう一度、念のためにさきほどの坂をたどりなおしてみるが、やはり店らしいものはない。おかしいなと思い、坂を上り切ったところで振り返って気がついた。緩やかな坂を見下ろしたその先に、看板がぶらさがっている。看板は、地上階ではなく、ひとつ上の階から下がっていた。逆の方向から坂を見下ろすように来れば、もっと早く気づくことができたのだ。近づき方まで限る本屋は初めてだった。

地上階のドアを開けると、簡単な店のネームプレートがあるだけで、やけにそっけない。階段を上がってはみたものの、扉が閉まっているので呼び鈴を押してみる。誰も答えない。レバーを押すと扉は開いて、部屋の中央には机、その前に店主らしき恰幅のよい男が座って、眼鏡をずらせてこちらを覗き見ている。およそ、人を迎えるような物腰ではない。

探しものをたずねると、主人は「ナァン、ここには古絵はがきは全然ない」と、まるで勘違いをあしらうような口調で答える。それは残念、と答えて、しかし高い壁一面に並んだ書架にしばらく見とれていると、「ああ、ちょっと。彼についていきなさい」とうしろから声がする。そばにはいつの間にか主人とは対照的に痩せた背の高い男がいて、人差し指で来るように示すとすたすたと歩き始める。屋内とは思えない早足だ。部屋を曲がり、部屋の暗がりを過ぎ、部屋の灯りをともし、そして曲がるとそこにはさらに別の部屋がある。玄関からは想像のつかない広さだ。

男は棚のいちばん端まで来て立ち止まり、また無言で指をさす。通り過ぎた本棚の量に頭がじんとして、さされた一角に焦点が合うのにしばらく時間がかかった。

そこには、英語とスペイン語とポルトガル語の背表紙がずらりと並んでいる。全部、絵はがきの文献だった。

それからそこに小一時間くらいいただろうか。棚を全部買って帰ろうかとも思ったが、いや、まだわたしには早そうだと思い、それにわたしのような別の誰かがこんな風にここにたどりついたときに見つける本が必要だとも思い、ごく基本的な本を三冊ほど選んだ。

気がつくと人の気配がない。隣の大部屋に出てあたりを見回すと、それはいくつめの部屋なのだろう、さっきは気づかなかったもうひとつの扉が開いており、その向こうで痩せ男がリトグラフを整理している。セニョール、と声をかけるが反応がない。もう一度声をかけると、あっちに行け、というように無言で入口の方を指さす。

再び書架また書架の間を抜けて、最初の部屋に戻り本を差し出す。店主はまるではじめから手元に置いてあったものを調べるかのように数字を紙に書きとめ、値段を言う。

支払いが済み、袋に入れて手渡してくれるときに、「たくさん買ってくれてありがとう」と店主ははじめて微笑んだ。商人と客という関係はそれで終わりだった。扉を出るときに、アデウス、と声をかけたが、彼はもう机の書物に向かっていて、答えもしなかった。

アルプスからの挨拶

世界一高い郵便局はどこか。

答えはアルプスのユングフラウ・ヨッホである。標高三四五四メートルのユングフラウ・ヨッホ駅には麓のインターラーケンから登山鉄道が通じており、乗り換えも含めて二時間足らずで到着する。それは「登山」というよりは、鉄道旅行、トンネル旅行であり、さしたる装備をしなくともたどり着くことができる。駅に隣接する構内にこの郵便局はあって、売店で買った絵はがきにスタンプを押してその場で投函することができる。

が、問題はこの郵便局前に設置されているポストである。意外なことにそこにあるのは、いまや日本でも珍しくなった、赤い丸ポストなのだ。

いかに日本人観光客が詰めかける場所とはいえ、なぜ古い日本製のポストなのか。答えは、ポストのそばの看板に書いてある。ユングフラウ・ヨッホの郵便局と日本の富士山五合目郵便局とは姉妹提携を結んでおり、友好の記念に、戦後、丸ポストが贈られたということらしい。

あなたが絵はがき好きなら、トンネルの果てにあるアルプスの高みに何の苦もなく到着し、そこで日本のポストに出会うことにいささか複雑な心境を抱きながらも、売店で登頂記念のスタンプを押してもらい、誰かに絵はがきを投函することになるだろう。あるいはそのスタンプを自分の手元に置くために、わざわざ未来の自分宛てに出すかもしれない。

しかし、まだ問題は残っている。そもそもわたしたちはいつから、登頂の記念に絵はがきを出すようになったのだろう。なぜ人は、わざわざ高みに登ってスタンプを押すのだろう。

その答えはいささか長くなる。話はアルプスから始まる。

ルソーとアルプス

アルプスは最初から登山や観光の対象だったわけではない。山は人々を分かつものであり、山を隔てて話される人々のことばはいくつもの特有語に多様化した。故郷を離れてアルプスを越えることは、ひたすら困難で陰鬱な旅であった。

ヴァージニア・ウルフの父親で、イギリスのアルプス山岳会会長もつとめた批評家レズリー・スティーヴンは『ヨーロッパの運動場』（一八七一）で次のように書いている。「驚くなかれ、一八世紀当初、文明人にとってアルプスは全くの恐怖の対象であった」。

そしてスティーヴンによれば、ジャン゠ジャック・ルソーこそが「アルプスのクリストフ・コロンブスである」。

なぜルソーなのか。ジュネーヴに生まれ、「ジュネーヴ市民」を自称するルソーの『人間不平等起源論』や『社会契約論』は、確かにスイスに対する人々の見識を改めた。しかし、ルソーの名声を高め、アルプスのイメージを決定的に変えたのはむしろ『新エロイーズ』(一七六一)だった。

ジュネーヴ(レマン)湖畔のローザンヌにほど近い街、ヴヴェーに暮らす貴族の娘ジュリと、平民の家庭教師サン゠プルーとの物語『新エロイーズ』は、一八世紀後半にヨーロッパやロシアで愛読され、一八〇〇年には七〇版を越えるベストセラーとなった。

小説の舞台となったヴヴェーとクラランは今でこそスイスを代表する保養地として知られている。しかし『新エロイーズ』が書かれた当時、まだこの地を訪れる人は少なかった。ルソーは主人公の一人、サン゠プルーのことばを借りながら、故郷スイスについてこう書く。

わたしは、人に知られていないこの国が人々の注意をひく値打があるのに讃美されないのは、ただこの国を見る眼を持っている観光客がいないためにすぎないということに気づいています。

(『新エロイーズ』安士正夫訳、岩波文庫)

手紙の距離

『新エロイーズ』が、アルプス史のみならず絵はがき史にとって見逃せないのは、それが書簡小説の形をとっている点にある。読者は手紙によって恋愛とアルプスとを重ね、恋愛とアルプスに誘われるのである。

たとえば旅先からのサン゠プルーの手紙では、恋の行方はアルプスの平原と高みの矛盾対立する風景に

ジュネーヴ湖（レマン湖）絵はがき（未使用）。湖畔の右側手前に突き出た街がモントルー。そのすぐ向こうに『新エロイーズ』の舞台であるクララン、ヴヴェーが位置している。画面左奥に白く見えるのはモンブラン。

重ねられ、アルプスの起伏は恋の起伏と重ねられている。

わたしは夢想に耽りたかったのですが、いつも何かおもいがけない風景に接して夢想からそらされました。ある時は巨大な岩が廃墟のように頭上に垂れかかっていました。ある時は高いごうごうたる瀑布の霧しぶきにしとど濡れそぼちました。ある時は永遠の急流が右左に深淵を開き、目はその深さを探る勇気も起きないほどでした。時には密林の暗闇の中で途方にくれました。時には奥深い所から抜け出ますと、気持ちの好い草原が不意に目を楽しませました。

さらにサン＝プルーはジュリとの逢い引きの場所である製酪小屋（シャレー）（それは現在もアルプスを代表する点景である）のある田園を思い浮かべながら、あからさまにジュリを（そして読者を）「自然」へと誘う。

ああジュリさん、わたしの魂の愛しい貴い半身よ、さあ、急いでこの春の飾りの中に忠実な恋人同士を登場させましょう。喜びの空しい面影しか示していない場所に喜びの情をもたらしましょう。さあ、自然全体に命を吹き込みに行きましょう、自然は恋の火がないので死んでいます。

しかしいっぽうで、手紙は宛先人と差出人とのあいだの距離を明らかにする。手紙はときには、当の宛先人が部屋に入ってくる直前まで書き続けられる。書くことで思いは宛先人に近づきながら、しかし、書いているあいだは、その距離はけして埋まらない。なぜなら、書き手が相対しているのは差出人ではなく、紙なのだから。

そしてその距離ゆえに、いっそう手紙の内容は熱狂する。

インキと紙を見つけたことはなんという仕合せでしょう！　感情が過激になるのをなだめるためにわたしは感ずることを書き表すのです、熱狂した気持を描くことによってこの熱狂を紛らすのです。

書くことは差出人と宛先人との距離であり、手紙は距離の証となる。手紙はその証によって宛先人を誘う。

『新エロイーズ』は書簡小説という形を得て、宛先人と読者を重ねた。小説は差出人と宛先人との距離を、手紙の舞台であるアルプスの自然と読者との距離へと変換し、その距離のもたらす「熱狂」によって読者をアルプスへと誘ったのである。

ジュリというアルプス

なによりも『新エロイーズ』とアルプスの結びつきを決定づけたのは、この物語の悲劇的な結末だった。六部に亘る長い手紙のやりとりの間に、ジュリは他の男と結婚し子供をもうけ、いっぽうサン＝プルーは世界周航の旅に出かけたのち、ジュリのもうけた子供の教育にたずさわることになる。ところがジュリは、近くの古城に遊んだ際、水に落ちた子供を救おうとしてあえなく亡くなってしまう。そしていまわの際に、サン＝プルーへの変わらぬ思いを従姉妹クレールに託すのである。

二人の仲を見守り続けてきた従姉妹クレールは、いまは遠く離れてしまったサン＝プルーと彼の庇護者にアルプスに戻るよう呼びかける。その手紙はあたかも、彼らのみならず、読者をアルプスへと誘うかのように呼ぶ。

いらしって下さいな、いとしい尊敬すべき方々、いらしってあの方の名残りのすべての者とご一緒におなりになって下さいまし。あの方が大切に思っていらしったすべての人々を集めましょう。あの方のご精神がわたくしたちを鼓舞し、あの方のお心がわたくしたちすべての心を結びつけますように。

クレールのことばはさらに、アルプスをジュリの記念の場とし、アルプスを「あの方（ジュリ）」そのものに置き換えていく。

いいえ、あの方はわたくしたちにとってこんなに魅力のあるところとなすったこの場所からお去りになったのではありません。この場所はまだ隅々まであの方でいっぱいです。

この呼びかけにこたえるかのように、『新エロイーズ』の出版後、ジュネーヴ湖を訪れるいわゆる「ジュリ詣で」の観光客は急増した。そして、ジュリやサン＝プルーの行為をなぞるように、アルプスの地で文章をしたためた。

のちにクラランを訪れたバイロンは一八一六年九月の日記にこう記している。「ガイドは登場人物サン＝プルーのことを著者であるルソー自身であると勘違いしており、二人をごちゃまぜにしてまくしたてる。村のコテージの階段に眼をやれば若い田舎娘がまるでジュリのような美しさで佇んでいる」。トルストイもまた、スイス旅行の際にわざわざクラランに立ち寄り、叔母のタチヤーナにこう書いている。

親愛なる叔母様、先の手紙でお気づきに違いありませんが、私はジュネーヴにほど近いクララン、あのルソーの「ジュリ」の住んでいた村に来ております。この国の美しさは表わしようがありません。ことにこの季節、すべてが緑と花に覆われています。

（一八五七年五月の手紙）

ソシュールのアルプス空間

ルソーの『新エロイーズ』はアルプスの自然への誘いではあったものの、それは「登頂」への誘いではなかった。また、その自然描写はごく一般的なものに限られた。

「登頂」の対象としてのアルプスを紹介した人物としては、地理学者オラス・ド・ソシュールを挙げることができる。

ソシュールは、アルプスという独特な空間に分布する動植物相とその地理的構造に取りつかれ、その詳細を、数々のスケッチとともに『アルプスへの旅』（一七七九〜一七九六）に描写した。さらにソシュールはモンブランとそのエリアを調査するために、アルプス登頂モンブランへの登攀ルートを見つけた者に懸賞を出した。その結果、一七八六年、地元シャモニー出身のパカールとパルマが登攀に成功し、これがアルプスの主要な頂上への先駆けとなった。翌年にはソシュール自らもモンブランに登頂し、その調査結果によって、アルプスの複雑な山並み、そしてそこに生息する動植物の内容が具体的に明らかになったのである。この貢献によって、ソシュールの肖像は現在のスイスフラン札に刻まれている。ちなみに、言語学者フェルディナンは、このオラスの孫である。

前人未踏のアルプスの頂に次々と挑戦し、新たな登攀ルートを開拓する登山家の歴史はこのオラス・ド・ソシュールの試みから始まり、英国人ウィンパーによるマッターホルン初登頂（一八六五）と、その直後、下山中に起こったパーティー中四人の墜落事故の悲劇によって、一つの区切りを迎える。

旅行者の歴史はさらに遅れてやってくる。旅行者は、あらかじめ登られ、登山ルートを整備され、確実にたどりつけるようになった場所に現われるからである。

そして絵はがきもまた、登山家よりもずっと遅れて頂上にたどりつき、にぎやかな旅行者たちを待つ。

世界の国からこんにちは

アルプスの話を続ける前に、ここで、ヨーロッパにおける絵はがきの揺籃期について説明をくわえておこう。というのも、その時期はちょうど、アルプスの観光ブームと重なるからだ。

絵はがきが早くから流行したのはドイツだった。ドイツでは私製絵はがきが一八七二年六月に認められたため、世界に先駆けて絵はがき産業が盛んになったのである。

ドイツにおける絵はがき流行のもう一つの理由は印刷技術にある。当時流行していた石版印刷（リトグラフ）のもととなる石灰石は主にドイツのバイエルン地方で産出した。このため、多くの印刷業者がドイツに集中していたのである。

ドイツで私製絵はがきが解禁されるとすぐ、チューリッヒの出版社であるロッハー社が、ドイツの印刷所に委託してチューリッヒの風景絵はがきを作成した。これが最初の風景絵はがきと言われている。やが

1898年5月18日消印、ドイツの保養地アウスゼーから送られた多色刷りの「グリュス・アウス」絵はがき。風景が細かく分割されていることに注目。

「グリュス・アウス」絵はがき「山からの便り」。19世紀末、スイス各地では、ここに描かれているような数頭立ての郵便馬車が活躍していた。あたかもアルプスの山奥からはがきを見る者に向けて馬車が走ってくるような構図（1897年6月チューリッヒ宛）。

て、ドイツのあちこちの都市やホテルやレストランで、風景入りの絵はがきが量産されるようになった。一八九〇年代には、ドイツ製絵はがきの印刷技術はさらに精緻になり、モノクロから多色刷りへと移行した。この頃のドイツ石版印刷技術をしのばせるのが「グリュス・アウス」(……からのご挨拶)と呼ばれる風景絵はがきである。

その名の通り、絵はがきには「Gruss aus」という文字に続けてその土地の名が入っているのだが、おもしろいのははがきにほどこされた風景画の方だ。小さなはがきの中で、風景はさらに複数に分断されており、そのひとつひとつの小さな風景が、精緻な石版印刷で描かれている。つまり、「グリュス・アウス」では、印刷技術を見せつけるために、絵をわざわざ小さく分割しているのだ(ちなみに、この風景を分割する手法は、現在のドイツの観光絵はがきにも引き継がれている)。

グリュス・アウス絵はがきは、ドイツ国内のみならず、イギリス、ロシアやアメリカ、さらにはアジア諸国でも発行され、観光絵はがきの定形のひとつとなった。一九世紀末、ドイツ印刷の絵はがきによって、世界のあちこちから挨拶が送られたのである。

山を眺める山

バイエルンに近いオーストリアやスイスでも、一八八〇年代になると風景画を印刷する会社が現われ始めた。とくにスイスのものは、そこに描かれているアルプス独特の風景から「スイス・カード」と呼ばれた。

一九世紀末のスイス・カードの中でも特によく見られるのが、ルツェルン湖のほとりにそびえるリギ山を描いた絵はがきである。

高さ一八〇〇メートル、モンブラン、マッターホルンやユングフラウに比べればはるかに低いこのリギ山は、なぜ盛んに絵はがきに描かれるようになったのだろうか。

旅行者にとって必要だったのは、登山家の目指すような登攀困難な頂上ではなく、より安全確実にたどりつける高みであり、それも、そこが高みであると実感できる風景を伴った山だった。その条件にうってつけの山が、ルツェルン湖畔に聳える高さ一八〇〇メートルのリギ山だった。

リギ山が観光地として知られるようになったのは一九世紀に入ってからのことである。

一八〇四年、チューリッヒ出身の地理学者ハインリッヒ・ケラーは、リギ山に登って、ここがスイスを見渡す絶好の場所であることに驚いた。山の両側にはルツェルン湖、チューリッヒ側にはツーク湖が広がっている。ルツェルンの街並みの向こうにはピラトゥス山をはじめ、湖を囲む山並みが続き、遠くユングフラウまでが見通せる。三六〇度、あらゆる方角に見所がある。

ケラーは学会誌にリギ山の魅力を熱狂的に報告した。これをきっかけに、有志によって山頂に簡素な山小屋風のホテルが建てられた。人々はラバに荷物を積んで険しい山を登り、山頂の眺めを求めるようになった。

リギ山の人気に乗じて、気球鉄道という奇想天外なアイディアも生まれた。一八五九年、地元の建築家アルブレヒトは、気球に数十人乗りのゴンドラを吊り、それを山腹に設置したレールに沿って移動させるというアイディアを提案したのである。残念ながら、これは図案の上にとどまったが、さらにもう一つのアイディアが生まれた。登山鉄道である。

リギ山頂にいたる登山鉄道を計画したのは、バーゼル出身の鉄道技師ニクラウス・リッゲンバッハだった。

当時、急勾配を登る鉄道はアルプスには存在しなかった。いちばんの問題は、重い車体が急勾配にさしかかると、レールの上をスリップしてしまうことだった。

リッゲンバッハはこの問題を解決すべく、レールの真ん中に歯形のついた第三のレール、つまり「ラック」をつけ、車体のピニオン(歯車)と噛み合わせるという案を思いついた。この「リッゲンバッハ式」というラックレールによって、一八七一年、アルプス初の登山鉄道が、湖畔近くのフィッツナウから標高一五五〇メートル地点のシュタッフェルヘーエの間に完成した。

やがて、リギ山頂には登山鉄道を利用する観光客が殺到するようになった。リギ登山鉄道完成後の一八七八年、マーク・トウェインはヨーロッパ旅行の途中にこの登山鉄道に乗っている。

路線の急勾配のせいで、周囲の木々や家々は、あたかも猛烈な気圧によって傾いているように見えた。

見晴らしを遮るものはそよ風のほかに何もない。翼に乗って世界を検分している気分だ。いや、正確には、一個所だけ平静を失わせた場所があった。シュナートベル橋を渡るところだ。そのかよわい作りは宙で目もくらむような空中で揺れ、谷底に向かって、あたかも一本のクモの糸のように垂れ下

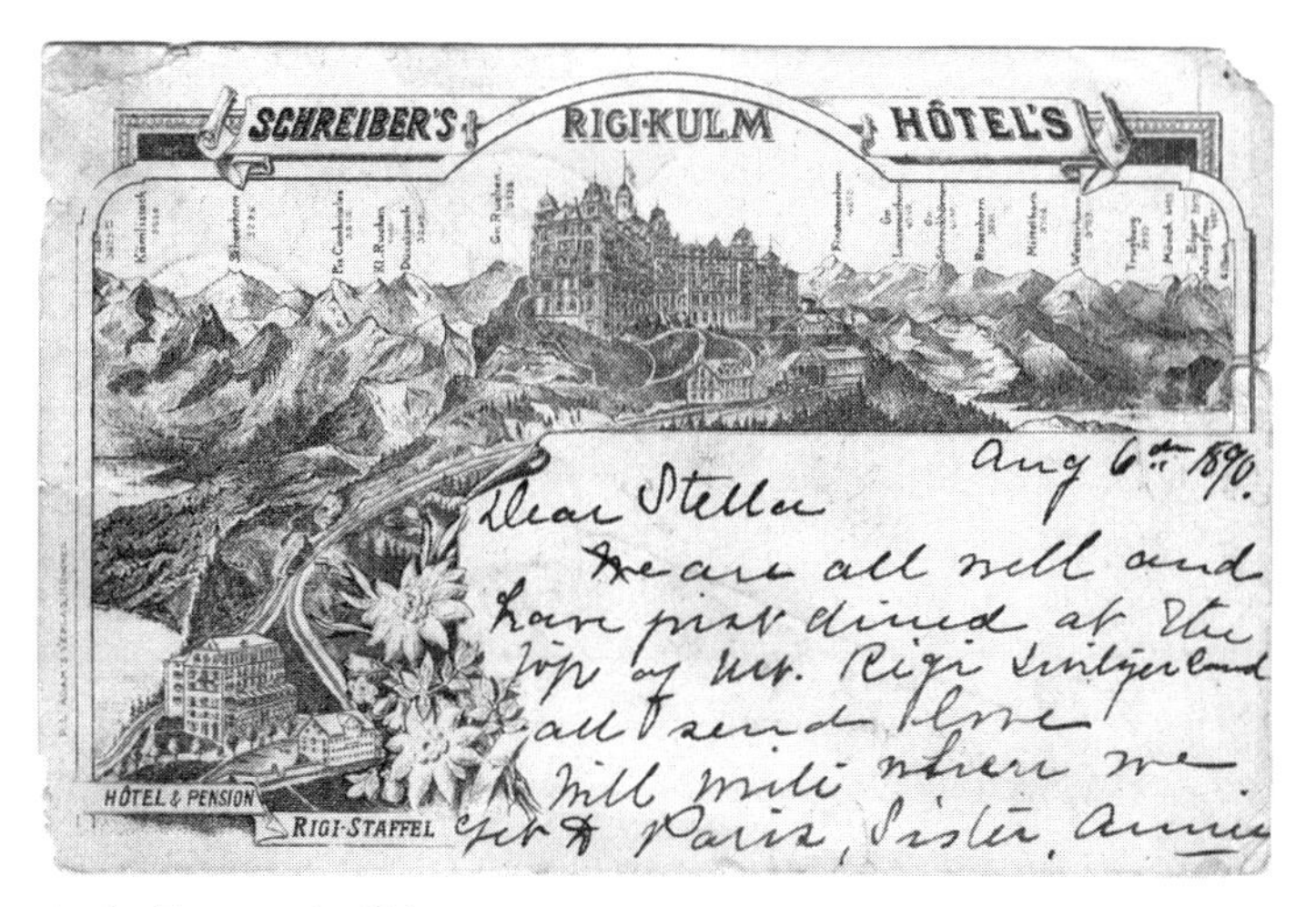

1891年8月6日リギ山頂消印、8月17日にニューヨーク州に届いた初期のスイス・カード（二色刷り）。リギ山腹を這う登山鉄道、ホテル群、背後の山々が描かれている。

マーク・トウェインが「クモの糸」と評したリギ山登山鉄道のシュナートベル橋。1880年代のアルブミン写真。

がっているのである。

（『トランプ・アブロード』一八八〇年）

天候の変わりやすい山では、雲の晴れやすい早朝が、アルプスのパノラマを望むのに最適だった。客の多くは山頂近くのホテルに一泊し、ボーイの吹くアルペンホルンに起こされて、眠い目をこすりながらまだ暗い山頂へと向かった。そこには木製の見晴らし台が建てられており、バラ色に染まる夜明けのアルプスの山々を眺めることができた。

雲に覆われやすい昼間や夕方には、みやげ物屋に人々が殺到した。マーク・トウェインの時代にはペーパーナイフが一番の人気であり、やがて絵はがきがそれにとってかわった。

リギ山での絵はがき熱がいかに熱狂的だったかは、『生きているロンドン』の編者、ジョージ・R・シムズの一九〇〇年の記述を見れば明らかだろう。

最近、団体客とともにリギに登った。頂上に着くや、人々は我先にホテルに駆け込み、争うように絵はがきを求めた。そして五分後には、誰もが親愛なる者に向けて文章をしたためていた。思うに、この団体が登ってきたのは、貴重な体験や景観のためではなく、絵はがきを書き、頂上から投函するためだったのに違いない。

リギ山の観光客が書くのは、もはや『新エロイーズ』のような長々とした手紙ではなかった。それは、

アルト・ゴルダウの街と近辺の山を描いた「グリュス・アウス」絵はがき。画面は細かく分割され、中央下には登山鉄道、左端にはリギ山が描かれている。通信文も差出人の名前もない。本人が記念用に自分に宛てて投函したのかもしれない（1902年7月ゴルダウ消印チューリッヒ宛）。

リギ山頂からの夜明けを描いた彩色絵はがき（未使用）。左端、見物台の下に角笛吹きが描かれている。右は山頂のホテル。

絵はがきの片隅に書き込まれた簡単な挨拶だった。そして、宛先人と差出人との距離は、熱狂的な文章の長さによってではなく、「リギ山頂」と印された消印によって測られるようになったのである。

旅との距離

斎藤茂吉は、一九二四年（大正十三年）の九月に、懐妊して間もない妻輝子との欧州旅行途上で、このリギ山に訪れている。山のふもとにあるアルト・ゴルダウ（**前頁上図**）から登山列車に乗った茂吉は、リギ山頂のホテルに着く。一九世紀以来の、おきまりの観光コースである。

当時、すでに絵はがきはみやげ物の定番であり、観光地のいたるところで売られていた。

この『頂上』は、風が強く、未だ九月下旬といふに僕は冬の外套を著てゐた。その丘に三四人の女が物を売つてゐた。（中略）是等の女どもは絵葉書だの、木細工の牛だの、笛だの、牛の頸につけてゐる鈴の小さいのだの、駄菓子のやうなものだの、そんなものを売つてゐた。僕はそのそばに行つて、いろいろいぢつて見たが、余り元始的で、故郷の土産にするやうなものは極めて尠なかつた。小さい木製の牛をいぢつてゐると、耳が突然除れたりした。これは膠が丈夫でないので除れたのであつたが、僕は知らん振して多くの木製の牛の中にそれを交ぜてしまつた。（斎藤茂吉「リギ山上での一夜」）

結局、茂吉は屋外のみやげ物屋ではなく、ホテルの玄関先で何枚か絵はがきを買う。そして「それから生れ故郷の誰彼に便りを書かうとしたが、ただ独逸にゐる一人の友に絵ハガキ一枚書いたに過ぎなかつた」。
絵はがきをめぐる奇妙に冷めた記述に表れているように、「リギ山上での一夜」は、観光客としてのおきまりの行動を楽しむ茂吉と、そこに違和を感じる茂吉とが、独特の調子を持って交替する随筆である。その文章からは、観光への熱狂を皮肉るマーク・トウェインの諧謔とは違った、ざらりとしたひっかかりが感じられる。

原因は、文章の随所に現われる茂吉の輝子に対する記述にある。せっかく当時としては珍しい欧州旅行に出かけながら、夫婦は二人でいることをさほど楽しんでいるようには見えないのだ。

たとえば絵はがきを書き止めてサロンに戻った茂吉と輝子はと言うと「邪魔するものの無い気安さと落付があるに相違ないから、ふたりは突慳(つっけん)に相争ふやうなことはなかつた。けれども今此処を領してゐる静

リギ山頂の消印。1898年6月15日。

寂はつひに二人に情感の渦を起させることがない」と、なんとも微妙な調子なのである。

もっとも、のちに「基本的には茂吉と輝子は『油と水』の関係である」「これは常識的に会いっこない夫婦である」（斎藤茂太『回想の父茂吉　母輝子』中公文庫）とされたくらいだから、「リギ山上での一夜」に二人のかみ合わなさが描かれていたとしても、別に不思議というわけではない。

むしろ、この随筆の魅力は、旅に対して述べられる茂吉の楽しみと違和の上に、輝子に対して述べられる茂吉の調和と違和が重ねられ、揺らされている点にある。

朝早くにアルペン・ホルンをしばらく聞いていた茂吉は、やうやく輝子とともに起き出して、朝陽を見るべく階段を上って窓辺に向かう。「西洋人どもは誰ひとり見に来なかつた」と茂吉は書いているが、おそらく他の客は日の出を見ようとしなかったのではなく、先に述べたように、ホテルをさっさと出て、近くの山頂や物見台で夜明けを迎えていたのに違いない。せっかくの日の出を、外に出もせず屋内から窓越しに毛布をひっかぶって見ようという茂吉のほうが、むしろおかしいのである。こんなところにも、観光の熱狂から無意識のうちに距離をとってしまう彼の姿がよく現われている。

ともあれ、窓辺を選んだおかげで、夫婦は二人きりになった。「僕達ふたりは障礙を微塵も受けずにアルプス山上の美しい日の出を見た」。茂吉は次のようにしめくくっている。

山上の美しい日の出は、謂はば刧初の気持であり、開運の徴でもある。それに較べると、現に連れ添うてゐる、我執をもつ僕の妻なんかは、実に奇妙な者のやうな気がしたのであつた。

あらかじめ失われる旅

手元に古びたはがきがある。

表裏をいっけんした限りでは、ただの薄汚れた紙片に過ぎない。もし絵はがきにさほど興味のない人なら、すぐに手放してしまうかもしれない。

片方の面には「王立海軍博覧会・エディストン灯台頂上」と英語で記されていて、青インクで印刷された灯台の絵が描かれている。横は通信欄のはずだが、通信文はなく、住所と氏名だけが記されている。

文字は鉛筆の走り書きだ。この時代のはがきにはしばしばこうした鉛筆書きのものがある。おそらく、送り手は、ペンやインクのない出先で急いで宛名を書いたのだろう。

はがきを裏返すと、右上に半ペニーの額面が記されている。ということはイギリスの官製はがきだ。鉛筆書きの宛名は裏と同じである。どうやら本人が自分宛てに出したものらしい。となれば、通信欄に通信文がないのも納得がいく。

自分宛てのはがきは要注意だ。わざわざ自分宛てに出すということは、現在のわたしを記念し、未来のわたしに送るということであり、そこには記念すべき事情があるはずなのだ。では、このはがきの「事情」はなんだろうか。

まず考えられる可能性は、これが灯台もしくはその付近で催された博覧会の記念はがきであり、その地で投函されたということである。そこでいま一度はがきを確認してみると、半ペニーの肖像を横切るように、巨大な押印がある。

エディストン灯台絵はがき（通信欄）

エディストン灯台絵はがき（宛先欄）

発行局は「エディストン灯台郵便局」であり、さらに外側には「王立海軍博覧会」とある。日付は一八九一年六月三〇日。当時、ドイツ製の絵はがきは盛んに発行されていたものの、イギリスに本格的な絵はがきブームが来るのはこれよりずっと後だ。ということは、この絵はがきはイギリスの絵はがき史の中ではかなり古い部類だということになる。

ところが、消印の下側をよく見ると、不可解な文字列が記されている。

ロンドン・サウスウェスト

ロンドンとエディストン灯台とは東と西、まるで別の場所である。潮岬灯台の郵便局の発行したはがきに、東京の消印が押してあるようなものだ。これはいったいどういうことなのか。

ロンドンの登頂

プリマスのエディストン灯台は、一七世紀末に建てられ、その後幾度かの改築を経て現在まで続いているイギリス人には周知の灯台である。

しかし、エディストン灯台に一般客が登ることは、当時も現在も許されていない。というのも、この灯台は沖合の岩礁に建てられており、プリマスの岸からは二二・五キロメートル離れているからだ。じっさい、絵はがきに描かれた灯台には、根元に描かれた灯台守以外に人の気配がなく、周囲に波が描かれている。

では「エディストン灯台頂上」という文字はいったいどういう意味なのか。

じつは、この絵はがきが発行された灯台は、模型だったのである。

F・スタッフの「絵はがきとその起源」によれば、一八九一年、ロンドンのチェルシー病院で「王立海軍博覧会」が開かれた。このとき、会場にはエディストン灯台の模型が建てられ、頂上に仮設の郵便局が置かれた。半ペニーのはがきは一シリングで販売され、その収益は海軍に寄付された。絵はがきに住所を書いて局員に手渡すと、図にあるような巨大な消印を押してもらうことができた。この消印はイギリス初の登頂記念スタンプとなった。

種を明かせば、どうということはない。ただの模型に登って記念スタンプを押し、それを送る。現在の感覚からすれば児戯に等しい工夫だ。

しかし、このアイディアは当時のロンドンでは好評を博したらしい。二年後の一八九三年、やはりロンドンのアールズ・コートで開かれた「庭園と森の博覧会」でも、同じエディストン灯台の模型が建てられ、その頂上に郵便局が開設され、記念スタンプが用意された。

海軍ばかりでなく、およそ灯台とは無縁に思える庭園と森の博覧会にまで、なぜわざわざ灯台登頂記念のはがきや消印が用意されたのだろうか。

その遠因としては、「アルプスからの挨拶」で紹介したアルプス登頂ブームを考えることができるだろう。一八世紀末から一九世紀にかけては、イギリス人によるアルプス登頂の黄金時代であり、一九世紀後半には観光客によるアルプス観光ブームが訪れた。リギ山をはじめアルプスのさまざまな場所から絵はがきが投函され、そこには当地の消印が押された。エディストン灯台はがきの発行された一八九一年、九三年はまさにこの時期にあたる。アルプス登頂を真似て、街なかの高みに登る試みが為されたのもうなずける。

パリの登頂

しかし、博覧会における登頂絵はがきを考えるにはもうひとつの、より直接的な原因を考えておく必要があるだろう。それはエッフェル塔の出現である。

パリ万博のために建設されていたエッフェル塔が完成したのは一八八九年、エディストン灯台絵はがきの二年前にあたる。

開業式当日、その足下には一万個のガス灯が点灯され、塔の姿を夜空ににじませた。さらに頂上からは二台の投光器によって足下に向けて光が放たれた。高みから光を投げかけるという意味では、エッフェル塔は明らかに街中に現われた灯台であった。

しかしいっぽうで、それは、宛先も知れぬ暗い海上に向けて旋回する光ではなく、特定のモニュメントに向けて投げかけられる光であった。見る者は塔の頂上という発信地と、モニュメントという宛先、そしてその両者を結ぶ経路としての光線をはっきり目撃することになった。開業式のこのイベントは、頂上と地上とを結ぶ一方向のベクトルを観衆に目撃させた。この光によって、頂上からの発信、地上での受信というイメージは徴づけられたと言っていいだろう。

さらにエッフェル塔では、フランスの絵はがき史を決定づける企画が行なわれた。ル・フィガロ紙の主催によって、エッフェル塔の一階に仮設郵便局が設置され、そこでエッフェル塔絵はがきが販売されたのである。絵はがき裏面の左側にはレオン＝シャルル・リボニによるエッフェル塔のクロッキーが描かれ、右側には通信文を書くために大きく余白がとられたため「カルト・ヌアージュ（浮雲はがき）」と呼ばれ、塔内では通信用にペンとインクが用意された。

エッフェル塔の似姿が描かれたのが封書でなく絵はがきであったことは、バルトの言うこの塔の性質、すなわち「空気・軽さ・透かし」を想起させる。絵はがきに描かれる文字たちは何にも覆われていない。そこには秘密めいたものは何もない。手にした誰もがその気になれば書かれた文字すべてを読むことができる。ひらひらと裏返すことができる。それまでの堅牢な石造りの建築が含みを持つのに対し、エッフェル塔は、すべてを明らかにしている。この対比はそのまま封筒と絵はがきの対比に当てはめることができるだろう。絵はがきはエッフェル塔から差し立てられるのに似つかわしいメディアだったと言えるかもしれない。

記念のとまどい

単色刷りの簡素な絵はがきであったにもかかわらず、エッフェル塔登頂記念はがきは人気を博し、およそ三〇万枚もの絵はがきが印刷されたと言われている。この数字からは、エッフェル塔に登ることの興奮や、絵はがきに対する熱狂が読み取れそうに思える。
じっさい、ある差出人はパリの知人に宛ててこう書き出している。

一八八九年一〇月九日二時四五分、ここでは誰もが書いています。そこで、人と同じことをあえてしてみたいと思います(*)。

しかし、いま一度考えてみよう。実際に書き始めたとき、それは登頂の高揚に見合うほど興奮に満ちた行為だろうか。たとえば、この絵はがきにある「人と同じことをあえてしてみたいと思います」という、半ばとまどっているかのような表現はどう考えればよいだろうか。それは単に書き手の文才のなさを示しているのだろうか。

「誰もが書いている」中で、気の利いたことを書くのは難しい。正確に言えば、自分の書いたものを気が利いていると感じることは難しい。

もしかしたら、わたしが親愛なる友人に宛てたのと同じことを、隣の誰かもまた書いているかもしれない。いや、いまここだけの話ではない。かつてこの地に来た者が、同じような状況で、自分と同じようなことを書いたかもしれない。となれば、誰かと違うことをしていると信じることこそ、じつはおめでたいのではないか。

絵はがきの文章はさらに続く。

パリ副署1904年８月19日消印の透かし絵はがき。裏から光を当てると、遠くエッフェル塔から光が投射される。本人が署名して自宅に宛てて送っている。

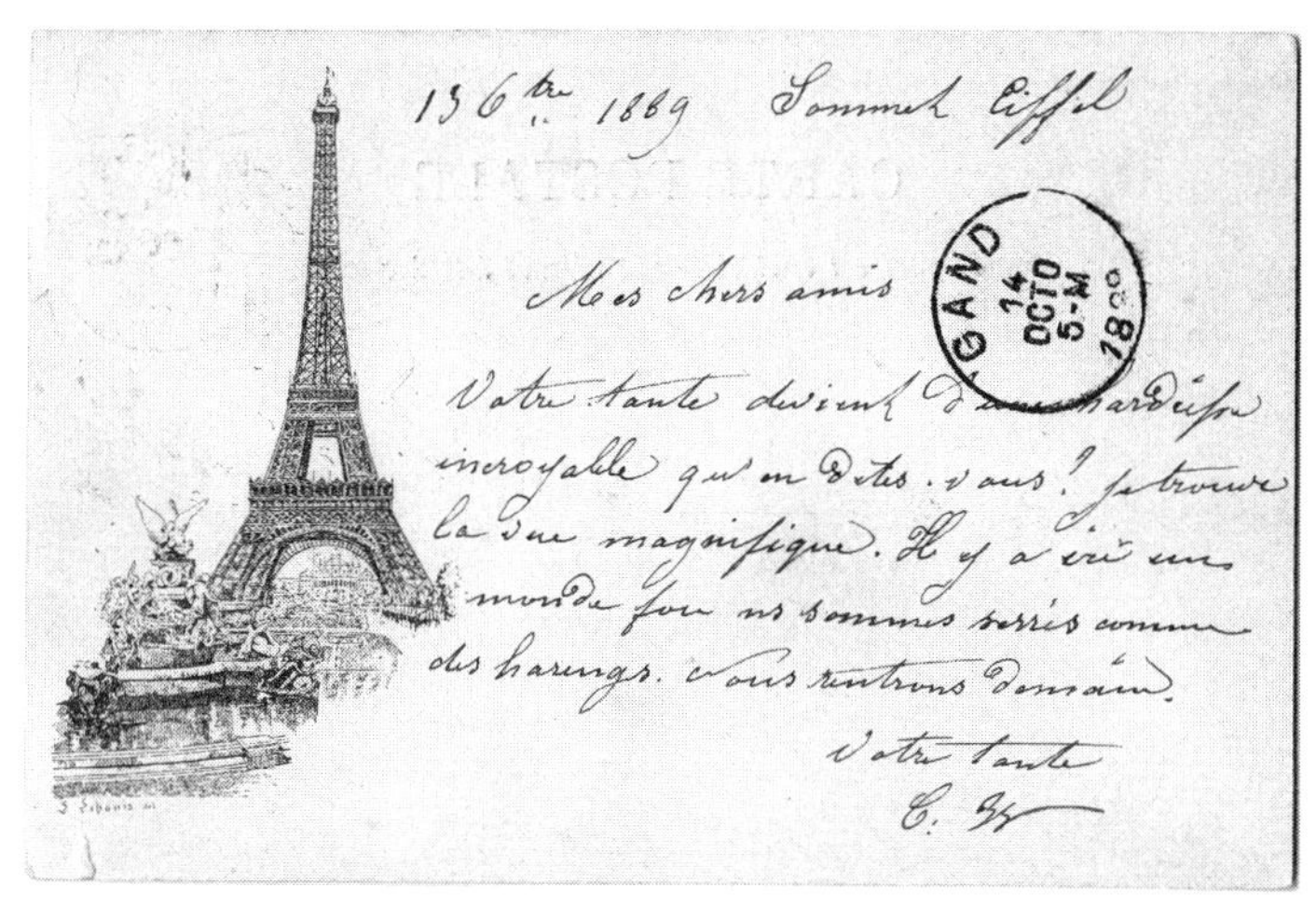

エッフェル塔開業年の頂上絵はがき。1889年10月13日にベルギーの甥と姪宛てに伯母から差し立てられたもの（本文に引用したはがきとは別）。

特に伝えたいことは何もありませんが、ただ――いうまでもないことですが――私はいつまでも変わらず君の忠実なる友です。

リュシアン・ジェラール

最後の「私は……」以降は、手紙の終わりに使われる決まり文句であり、日本語で言えば「敬具」ほどの意味である。どうやらこの書き手は、日付を書き、自分も他人も書いていることを確認してしまうと、もう何も書くことがなくなってしまったらしい。しかし周囲の誰もが、まるで書くことがあるかのように書いている。書き手はしかたなく、「いうまでもない」ことを書きながら、自らの名前を添えて書き終わる。

書き手を無口にさせているのは、大勢とともに書くという状況だけではないだろう。絵はがきじたいが、書き手を、より無口にさせている。なぜなら、そこに当のエッフェル塔が描かれてしまっているからだ。絵のおかげで、「エッフェル塔」と名指すことなく「ここでは」と書けば事足りてしまう。その形について、くどくど記さずとも、すっかり絵に描かれている。いや、じつのところ、宛先であるパリの知人は、毎日のようにエッフェル塔を見ているだろうし、このパリで行なわれている万博についてもよく承知しているだろう。となれば、書き手がエッフェル塔にいる、ということさえ伝われば、くだくだしい説明など無用だ。そしてその、「エッフェル塔にいる」という事実すら、絵はがきの絵によってすでに先取られている。

ご丁寧にも、差し立てられるはがきの消印には「パリ万博」の文字が刻印され、それとは別に、「エッフェル塔頂上」の文字と日付が記されたスタンプが押される。そして、これらの印こそが、まごうことなき登頂の証として機能するのであり、差出人の書く日付や時刻はいわばその傍証に過ぎない。となれば、記念に際して差出人が為すべきことは、じつのところ記銘以外には残されていないではないか。何かが書けそうな気がして書き出したとしても、それはすべて自らの名前を記すことに向けての、終わりの一歩に過ぎない。

絵はがきによる記念とは、そのような事態なのだ。

エッフェル塔登頂記念絵はがきは、翌年にはイギリスのリーズで開かれた郵政博覧会にも出展された。おそらくエディストン灯台模型の企画者は、パリ博もしくはこの郵政博覧会を通じて登頂絵はがきのヒントを得たのであろう。

ということは、ロンドンに建てられたエディンストン灯台模型は二重の意味で、ここにはないはずのものを真似ているということになる。ひとつは二年前にパリに出現したエッフェル塔であり、もうひとつははるか西岸の岩礁に立つ灯台である。

遠い地に立つ二つの塔を模した灯台を街なかに造り、そこからの絵はがきを発行する。そのことで、絵はがきもまた、遠い地からの便りを真似ることになる。博覧会はいわば、旅先にあるはずの塔をロンドンに引き寄せ、絵はがきに異郷の消印を模したしるしをつけ、そこからの便りを演出して見せたのである。
間近に異郷を出現させ、街なかにあって街ではない異郷においてその場所を記念し、誰かに向けて絵はがきを送ること。絵はがきはこのころからすでに、遠い異国からの挨拶（グリュス・アウス）を運ぶにとどまらず、非日常を記念するメディア、事件を記念するメディアとして機能しはじめていたと言えるだろう。

さらにエディストン灯台絵はがきが興味深いのは、この時代、すでに自分宛てに絵はがきを送る者がいたという事実である。つまり、記念の結果を自分の手元に置こうとする人々が現われはじめたことを、この絵はがきは表わしている。

コレクターの出現

絵はがきに記念を記し、それを集めること、つまり記念絵はがきの本格的な蒐集はいつごろから広がったのだろう。

イギリスに関して言えば、いくつか目安がある。たとえばコレクター雑誌『コレクターズ・レヴュー』に掲載された次の文章は、絵はがき収集ブームの時期を示しており興味深い。

> 私が絵はがきを集め出したのは三年前のこと、一人の友人が絵はがきを送ってきて、お返しに絵はがきを送ってくれないかと頼んできたのがきっかけでした。でもそのときは全世界に絵はがきコレクターがいるなどとは知らなかったのです。彼女は再び絵はがきを送ってきて、私に絵はがきを集めて

いるかどうか聞いてきました。もちろん当時は集めていませんでした。それどころか彼女からの絵はがき以前には、このようなすてきな贈り物をまるで見たことがなかったのです。

みなさん、どうぞお笑いめさるな。今ならコレクターも絵はがきの集まりも多数です。しかし話ははるか三年前のことなのです。

（ルイス・C・ホィーラー「スーヴェニール・カード集め」『コレクターズ・レヴュー』誌、一九〇五）

つまり、一九〇五年とその三年前とでは、世間でのコレクターの認知に大きな差があったことがこの記事からは伺える。

フランスに最初の本格的専門誌『絵はがきクラブ（ポスト・カルト）』が発行されたのは一八九九年、イギリスに本格的な専門誌『絵はがきとコレクター』が登場したのは一九〇〇年のことだ。ホィーラーの記述と考え合わせると、一八九九年から一九〇〇年ごろに、フランスとイギリスで専門誌の需要がすでに生じており、それが数年のうちに世間にも認知されるようになったと考えることができる。

ホィーラーの記事では、絵はがきの送り合い、つまり交換が、絵はがき蒐集の主な手段として書かれている。実際、交換は絵はがきを集めるもっとも有効な手段だった。個人どうしが絵はがきを送り合うだけでなく、各地で絵はがき交換会が催され、手元にある不要な絵はがきがお互いに直接交換された。さらに、先に挙げたコレクターズ・マガジンには、各コレクターの連絡先が掲載され、購読者はこれらのコレクターに絵はがきを送り、交換を申し込むことができた。

絵はがきは梱包されず直接送られることが多かった。つまり、送り主の署名、通信印もまた、絵はがきの「記念」にあずかったのである。

感傷なき郵便

遠い異国から家族宛てに、無事を知らせる絵はがきは一九〇〇年代の絵はがきの中に数多く見つかる。「愛をこめて」と記された絵はがきからは、差出人が家族に対してこめた思いが伝わってくるようだ。ところがコレクターはそれほど甘くない。一九〇三年の『絵はがきとコレクター』誌に掲載された次の記事を読むと、そのような感傷はあっけなく裏切られる。

異国の地で外国はがきを送ることはコレクターにとってこの上ない喜びです。やはり旅先で、自分が絵はがきを集めていることを覚えていてくれて、自分宛てに絵はがきを送ってくれた寛大なる友人たちに、ようやく報いるときが来たのですから。家族にも便りを出さねばなりませんが、これまた喜びとなります。なぜなら自分のアルバムに似合うようにうまく選んだ絵はがきが、わたしたちの帰りを待っているのですから。

(B・クレスウェル「異国での絵はがきコレクター」)

投稿者のクレスウェルにとって、家族に絵はがきを書くということは、あとで自分の手に入れるための方法であって、「愛をこめて」と書かれた絵はがきは、自分のアルバムに差し込まれることを見込まれているのである。

別の記事「コレクターの休暇のためのヒント」で、クレスウェルは次のようにも書いている。

休暇を過ごすのによい、人気の高い田舎はたくさんあります。そして絵はがき会社がすばらしい風景絵はがきを作っているわけですが、彼の地でそれが確実に手に入るわけではありません。シーズンの初めにはまだ絵はがきが納入されておらず、シーズンの終わりには売り切れていることもしばしばです。(中略)もっとも腹立たしいのは休暇から帰ってから彼の地のすばらしい絵はがきを見つけることで、これでは時すでに遅しです。さらに付け加えるべきは、この国ではその土地その土地の風景絵はがきが売られているとは限らないことで、コレクターの満足できる店があるにしても、そこに行き当たるのは運まかせです。

(『絵はがきとコレクター』誌、一九〇三、一九三頁)

そして彼女はこれらすべての悩みを解消する画期的な方法を提案する。

このような問題は、あらかじめ絵はがきを持っていけばすべて解決します。休暇ですごす場所を決めたなら、目的地の絵はがきを何枚か買っておき(もし交換するつもりならたくさん用意するべきでしょう)

荷物につめておくのです。

なぜ、交換用に投函する絵はがきをあらかじめ買っておくほうがよいのか。それは、同好の士が求めているのはたいてい、特定の会社の発行している風景絵はがきであり、それは現地で手に入るとは限らないからだ。それに、この方法なら、いつでも時間のあるときに落ち着いて宛先を書き、切手を貼ることができ、書き損じや切手の不足を避けることができる。

それではあまりに旅情に欠けるのではないか。いや、彼女はそんな甘い考えを言下に否定する。

絵はがきはもはや感傷(センティメント)ではありません。絵はがきはカルトになったのです。

旅の先取り

家に居ながらにして、絵はがきが旅を先取りする。かくも極端な旅の前倒し感覚は、単なる一コレクターの思いつきに過ぎないのだろうか。

おそらくそうではない。その証拠が、一九〇四年、ロンドンの絵はがき会社が制作した「海浜水浴場」という写真絵はがきである。この絵はがきは、東海岸、南海岸、西海岸の各シリーズからなっており、イギリス各地の海水浴場の風景が含まれていた。それも、一ヶ所のさまざまな場面が写されているのではなく、東海岸なら東海岸に属するさまざまな場所、たとえばヨークシャーやサセックス、ケントといった海

SEASIDE WATERING PLACES,
—— or "Where to Spend the Holidays."
Part I.
The East Coast.
Embracing the Resorts on the Coasts of
Northumberland, Durham, Yorkshire, Lincolnshire, Norfolk, Suffolk, Essex, and Kent.
Part II.
The South Coast.
Embracing the Resorts on the Coasts of
Sussex, Hampshire, Isle of Wight, Dorsetshire, South Devon, South Cornwall, Channel and Scilly Islands.
London: L. UPCOTT GILL, Bazaar Buildings, Drury Lane, W.C.

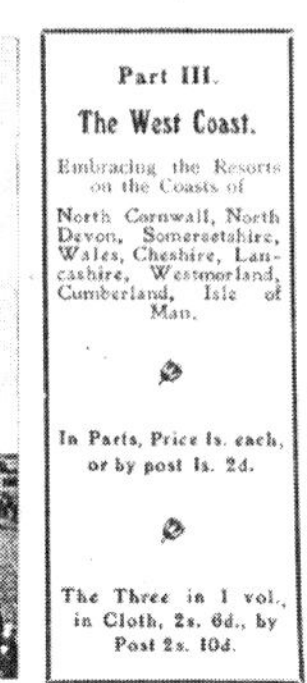

Part III.
The West Coast.
Embracing the Resorts on the Coasts of
North Cornwall, North Devon, Somersetshire, Wales, Cheshire, Lancashire, Westmorland, Cumberland, Isle of Man.
In Parts, Price 1s. each, or by post 1s. 2d.
The Three in 1 vol., in Cloth, 2s. 6d., by Post 2s. 10d.

「海浜水浴場絵はがき」の広告（1904)。アプコット・ギル社

浜の光景がひとつのシリーズにおさまっていた。一度にこれらの場所に行くことは、まずありえない。このシリーズはむしろ、休暇場所を選ぶためのカタログとしての体裁をとっている。

「休暇をどこで過ごしましょう」というシリーズの副題は、まさにこのカタログ性を表わしている。もはや絵はがきは単に旅先から差し立てるためのメディアではない。絵はがきは旅の計画を立てるためのメディアであり、旅先の光景を先取りし、旅先で絵はがきを書くであろうわたしを先取りしている。

こうした絵はがきによる風景写真集はイギリスのみならず、やがて各国で発売されることになる。絵はがきをあらかじめ用意することで、旅先での記念は前倒しされ、旅の絵はがきは、絵はがきのような旅へと転倒したのである。

（＊）一八八九年のエッフェル塔絵はがきについては以下のウェブサイトを参照した。Arcachon: http://leonc.free.fr/

わたしのいない場所

手元に、一枚の肉筆絵はがきがある。官製はがきの裏に、水彩で描かれている。入道雲に版画風の波頭。涼しげな絵だ。他にも同じ差出人から同じ宛先に差し出された絵はがきがいくつかあった。つまり一つのタンスからまとまって出た、ということだろう。いずれも水彩、墨、ペンを使い分けた洒脱なレイアウトとなっている。こういうものをさらさらと描けるのは絵心のある人に違いない。絵の下の文面は男性から女性にあてた内容である。

折角きかけていた、暴風雨がだうやら止めになつたらしい。そしてそのかはりにグンと暑さが盛返してくるのださうだ。

折角啼きかけた、くさむらの虫共が、いづれ又出直して……と帰つてゆくことだろー。

そして九月にもなつて、虫共が出直してきてチロ〱啼きだした頃に、今度ハ中止した暴風雨が出直してやつてくるに違ひない。するとOKOMEが一エンになるさうだ。中々面白いことだ。

なかなか会えぬ思いが季節の無情に重なっているらしく、さうださうだと、なんということもない未来

大正8年8月8日に差し出された肉筆絵はがき。

哈慶会
大正八年八月八日ノ夜八時だ
をかしく思ったので書いた此件

表書きに添えられた通信文。

大正９年４月18日に差し出された肉筆絵はがき。差出人は前頁図版に同じ。次頁も。

予想が連なっている。入道雲から米の収穫まで、えらく気のはやいことだと思って表書きを見ると、さらにこんなことが書いてある。

恰度今　大正八年八月八日の夜八時だ。ふとおかしく思つたのでむだ書き

消印には8・8・9の数字が押してある。

そして、奇妙な感覚が押し寄せてくる。青と黄色で描かれた小さな海の絵が、急に、わたしの決してたどりつくことのできない、八並びの時間に浸されていく。目の前の絵はがきに確かに描かれている季節は、もはや取り戻すことはできない。

もちろん、わたしと差出人とは何のゆかりもない。このはがきの文面に、何の思い入れをする由縁もな

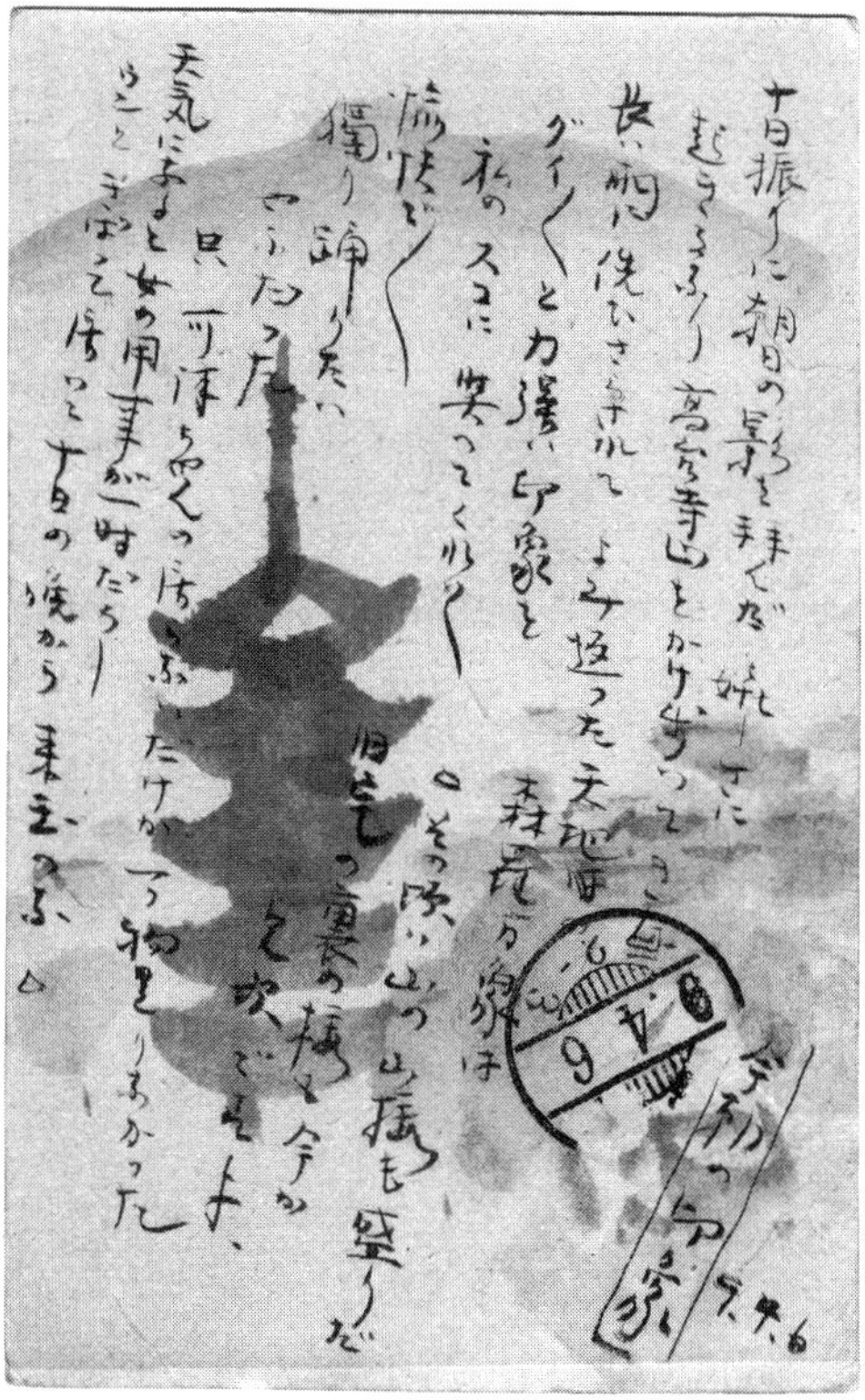

大正9年4月6日に差し出された肉筆絵はがき。水彩画の普及に伴って、明治・大正期には水彩による肉筆絵はがきが流行した。現在の絵手紙ブームのルーツと言えるかもしれない。

い。にもかかわらず、「大正八年八月八日の夜八時」という文字は、そこにわたしがいないこと、そしてわたしの不在は、もはやとりかえしのつかないことを、わたしに告げている。一日遅れの数字の印は、とりかえしのつかなさを裏打ちするように刻印されている。

そして、このとりかえしのつかなさの感覚は、じつは絵はがきを繰るときにいつも感じる、意識にのぼらない鈍痛と同じであることに気づく。

宛先人の不在

観光絵はがきは、そこにはいない、遠い知人に向けて投函される。かつて、こうした観光絵はがきには、「あなたがここにいればよかったのに（I wish you were here）」という決まり文句がしばしば記された。「ここ」がどこであるかを指し示すべく、＊印や矢印が絵の中に書き加えられることすらあった。

差出人が差し出すことによって、絵はがきの絵は、単なる珍しい風景ではなく、宛先人のいない風景となる。それは、「あなた」のいない場所なのだ。

よくよく考えてみれば、差出人が「あなたがここにいればよかったのに」などと書くのは詮ないことだ。「いればよかったのに」と書きながら、差出人は、宛先人がその絵はがきに二重の意味で間に合わないことを知っている。

まず、書いている瞬間、宛先人はそこにいない。さらに、そこでいま何かが書かれつつあるということを、宛先人は知らされていない。それがすっかり書かれ、投函されてしまった後でなければ、宛先人はそれを読むこともできないし、そんなことばが自分に宛てて書かれつつあったことすらわからない。

差出人は、このような宛先人の不在と無知を承知で書き続ける。いや、むしろ、宛先人の不在と無知に支えられて、ようやく書き続けることができるというべきではないだろうか。

たとえば、手紙を書いているときに、たまたま宛先人であるあなたが近づいてくる。と、わたしはあわてて手紙を隠そうとする。それは明らかに近づいてくるあなたに向けて書かれているにもかかわらず、わたしはまるで、密会の現場をあやうく見つかりそうになったかのように、必死に手紙を脇にやるだろう。すっかり書き終えてからでなければ、そしてわたしのいないところでなければ、手紙をあなたに読ませるわけにはいかない。

奇妙なことに、書くという行為は、宛先人の存在によって危うくされる。宛先人の視線に曝されるかどうかが、書くという行為の命運を左右してしまう。

そのことは、ルソーの書簡小説『新エロイーズ』(一七六一)の最初のクライマックスである、主人公ジュリとサン゠プルーとの逢い引きの場面(書簡五四)を読めばわかる。

ルソーは巧妙にも、会話ではなく、書簡のみが持ちうる高揚によって、場面の緊張を高めていく。

ジュリは、自分の居間を、恋人であるサン゠プルーとの逢い引きの場所に指定する。サン゠プルーは、誰もいない時間を選んで、ジュリの留守の間に彼女の部屋に忍び込む。彼女を待つほどに、サン゠プルーの感動は次第に募ってゆく。彼はインキと紙を見つけ、「感情が過激になるのをなだめるために」感ずることを書き表わす。それがこの書簡五四なのである。

まもなく逢うことのできる恋人に宛てて、なぜわざわざ手紙を書き綴らねばならないのか、などと問うのは、恋心の分からぬ朴念仁である。サン＝プルーのことばは、「ああ、来て下さい、飛んで来て下さい、でなければわたしは破滅しますよ」と、ジュリの来室を待ちながらますます激しさを増す。

そして、ついに彼は、背後に人の気配を察する。

ああ、欲望！　恐怖！　切ない胸騒ぎ！……扉が開いた！……人がはいってくる！……あの方だ！　あの方だ！　わたしはかいま見る、わたしは見た、扉の閉まる音が聴える。我が心よ、弱い心よ、おまえはかくも多くの激動に堪えられず参っている。ああ、おまえを圧倒してくる至福にたえる力を探せ！

書簡はここで、突然途切れる。

宛先人であるジュリは、まさに書簡の書かれている部屋に入ってきつつある。にもかかわらず、サン＝プルーは相手のことを「あなた」ではなく「あの方（"C'est elle!"）」と三人称で書く。そのことでようやく書き続けている。しかし扉は閉まり、彼女の視線が近づいてくる。

ここで「かくも多くの激動に堪えられず参っている」のは、サン＝プルー自身だけではない。じつはこの書簡じたいの存在もまた、刻々と近づいてくる彼女の視線に「参っている」のだ。「おまえ（tu）」と二人称で呼ばれているのは、彼自身であると同時に、この書簡じたいでもある。ここで息もたえだえになりながら「至福にたえる力を探」しているのは、じつは書くという行為なのである。それが証拠に、彼女がまさに彼のそばに来ようとするいまわの際で、書簡は中断させられているではないか。

書簡は、宛先である彼女との距離が近づくにつれ、まるでその視線の不在に賭けるように緊張を高める。そして、ついに彼女の視線に曝されようとするまさにそのとき、書簡はすばやく命を断つ。

筆談の視線

書くという行為が宛先人の不在によって成立すること。それは、なにも一八世紀の恋物語のみに特有の話ではない。

たとえば、筆談という現象を考えてみよう。

コンピューターが普及した現在もなお、授業中に学生が書くための道具は鉛筆である。そして、多くの学生は、退屈な授業中に、筆談を何度も交わした経験を持っている。

筆談とは、もともと私語を禁じられた状態で声を出さずにことばを交わすためのものである。そこでは手紙文のようなかしこまった文章ではなく、普段の会話と似た調子のことばが交わされる。ことばづかいが会話に近く、しかも筆「談」なのだから、それは、会話と同じように、ことばが発せられる先から相手に読まれてもいっこうにかまわないように思える。

しかし奇妙なことに、筆談に熱が入るにつれ、わたしは、書かれつつある相手の文字を読まないように努力し始める。教師の顔を見たり窓の外を眺めたりしながら、書き手の文面に対しては儀礼的無関心を決め込むようになる。そして、この無関心に支えられるように、相手は黙々とことばを書き進める。

これはもしかしたらわたしの偏った経験なのかもしれないと思い、授業中の学生に、会話によるディスカッションではなく、筆談による議論をしてもらうよう頼んでみた。すると、おもしろいことに、ほとんどの学生が、次第にすぐ隣にいる相手の文面から目をそらし始めるのである。理屈の上では、書かれることばを逐一読んでいくほうが、自分の番が来たときにすぐに反応できそうなものなのに、黒板やあらぬ方向に目線をやり始める。

筆談を終えた学生に、相手が書いているあいだどうしていたかを訊ねると、「なるべく書いているところを見ないようにした」「ちらちらと見えてはいたが、あとの楽しみのためにとっておいた」といった回答がほとんどだった。

このような事態は、話しことばでは起こりえない。話し手は、話しながら相手から自分の声を隠すことはできない。聞き手は相手の話す時間から逃れることはできない。録音機でもない限り、聞き手は、相手のことばに対して耳をふさぎ、相手のことばが終わってから耳を傾ける、などということはしないし、相手のことばをちらちら聞いて、あとからまとめて聞き直す、ということもない。いや、たとえそこで録音機が回っていようとも、わたしたちは、その場で発せられ、言い直されつつあることばを、できるだけその場で聞こうとするだろう。

ところが、筆談で起こることはこれとはまったく異なる。交わされていることばが話しことばに近いにもかかわらず、わたしたちは、生まれつつあることばに対してなるべく無関心を装い視線をそらし続ける。

そして、この無関心さゆえに、書き手はことばを書き進めることができる。

宛先人に見つめられると、エクリチュールは鈍る。そして、その視線が消えるや、エクリチュールは走り出す。あたかも、宛先人の不在に力を得るように。

書くという贈与

書くという行為はなぜ、宛先人の不在を必要とするのだろう。なぜ、わたしとあなたは、会話のようにことばの生まれるさまを共有することができないのだろう。

おもしろいことに、書くという行為に伴うこの性質は人が贈り物をするときの性質と似ている。

わたしは宛先人のいない場所で贈り物を用意しようとする。相手の姿を見るなり編みかけたセーターをしまい込む。遠く離れた土地で見つけた珍しい品物は中身が見えないように包まれる。贈り物という完全な形をとるまで、それらは宛先人からひた隠しにされる。

宛先人の不在を考えるのにもっともふさわしいのは、文化人類学でしばしば論じられる「沈黙交易」だろう。

沈黙交易では、交易をする二者が、お互いの住処の中間地点で、お互いのいないときに物品を置いて帰る。「沈黙」とは、単にことばを交わさないことを指すのではない。それは、差出人と宛先人とが、互いに声を交わし得ない場所にいることを指す。差出人が約束の場所に物品を用意するとき、宛先人はその場所にいない。この宛先人の不在こそが、沈黙交易を沈黙たらしめているのである。

沈黙交易はしばしば、宛先人である異人への恐怖と必要なものの獲得という相反する二つの現象の折衷として説明される。しかし、沈黙交易のはじまりにおいて、お互いに「必要なもの」が何かは必ずしも明らかではなかったはずである。「必要なものの獲得」という説明は、沈黙交易が成立してしまったあとの定常状態を説明してくれはするものの、そもそも二者がどのようにして「必要なもの」をお互いに知ったのかを説明してくれない。

この点について、内田樹は最近『先生はえらい』（ちくまプリマー新書）で、興味深い論を唱えている。それは、沈黙交易のはじまりにおいては、むしろ、「交換相手にとってできるだけ『なんだかわからないもの』を選択的に交換の場に残してきたんじゃないか」というものだ。ここで内田が強調しているのは、ただ決まった価値が設定されているだけでは交易を継続するには不足であり、「『もう一度あの場所に行き、もう一度交換をしてみたい』という消費者の欲望に点火する、価格設定にかかわる『謎』が必須」であるという点だ。

異人どうしの交易を考えるには、お互いがあらかじめ見知らぬ相手の価値体系を知っていると仮定するよりも、お互いの価値体系の差によって謎が生じてしまう、という考え方のほうがしっくりくる。この点で、内田説は、価値体系を共有しないものどうしのあいだでいかに交易が成立するかをうまく説明している。

そして、この説をとるなら、宛先人の不在という問題を、より先に進めることができる。

贈り物には、「謎」が含まれていなければならない。それは、宛先人の見知っているもの、宛先人の価値体系に容易に組み込まれるものであってはならない。

では、どのようにすれば贈り物に謎をかけることができるだろうか。じつはそれは、むずかしいことではない。わたしはただ、宛先人のいない場所で贈り物を用意しさえすればよい。相手に会い、相手と贈り物を探すのではなく、相手のいない場所、相手の訪れたことのないであろう場所に行き、何かをすなどり、作ればよい。そして相手のいないあいだにそれを、相手が来るであろう場所に置いておけばよい。

宛先人は贈り物を見つける。見たことのない珍しい品々は、それらが作られたであろう場所、すなどられたであろう場所を指し示す。それがどんな場所かはわからない。しかし少なくともはっきりしていることがひとつある。贈り物は、差出人がいた場所、宛先人のいなかった場所を告げているのである。

差出人は贈り物を用意することによって、贈り物に、自分の存在と相手の不在を刻印してしまう。「差出人（わたし）のいる場所に宛先人（あなた）はいない」。それが、差出人の差し出す謎である。

ここで、差出人と宛先人の立場を裏返してみよう。この贈り物は、差出人の居場所にあるならば、ただの物品に過ぎないのかもしれない。しかし贈り物は、宛先人のいるこの場所において初めて謎めく。謎をかけたのは差出人である。解けない謎は、差出人を想起させる。だが、いまや差出人はここにはいない。「宛先人（わたし）のいる場所に差出人（あなた）はいない」。

わたしたちが憑かれたように贈り物を用意するのは、このような事態、すなわち、あなたを想起しながら「わたしのいる場所にあなたはいない」ことに気づくからではないだろうか。

飛躍しよう。書くという行為は、単に既知のできごとを表わすためにここまで多様な形に広がったのではない。それはおそらく、贈与の行為として人々のあいだに広まったのである。でなければ、書くという行為が、なぜ執拗に宛先人の不在を必要とするのかを説明することができない。そしてエクリチュールこそは、謎をかけるのにもっとも適した贈り物だった。品物の珍しさよりも、そこに引っ掻かれたように残る軌跡こそが、わたしの行為の痕跡をあざやかに指し示し、わたしを想起させる。わたしは単に目の前の誰かのために書くのではない。ここにいない誰かのために何かを用意することこそが、わたしを熱狂させ、わたしの筆を走らせる。だからこそあなたはここに居てはいけない。あなたが不在であるあいだだけ、わたしはこの文章を書き続けることができる。

ロラン・バルトが言うように、告げ知らせる相手のない文章というものは存在しない。

しかしいっぽうで、わたしは告げ知らせる相手を目の前にして書くことができない。だからわたしは、あなたがここにいないということを告げ知らせるために書くのだ。

絵はがきを受け取るわたしは、ただの風光明媚な風景を見るのではない。それは、あなたのいた風景であり、わたしがいればよかった風景である。わたしは、絵はがきを受け取ることで、わたしのいない場所を告げ知らされる。わたしは、大正八年八月八日八時に間に合わない。わたしの不在はとりかえしがつかない。だからこそ、絵はがきは、あなたからの贈り物となる。そしてわたしはわたしの不在にあこがれて止まない。

透かしは黄昏れる

パリの美しさは、黄昏のゆるやかさではないだろうか。たとえばシュマン・ヴェールの坂を東に向かって上る。空がまだ明るさを残している時頃、地上階より二階高く掲げられた街灯が次々とともる。そのオレンジ色が、それまで青白かった空の色を一気に深くする。振り返ると、七階建ての街並みは坂を下りながら水平線に向かって集まっていき、その中心にモンパルナス・タワーが小さくそびえている。そこはちょうど陽の落ちるあたりで、西の空は青ざめながら地上近くで少し赤らんでいる。長い坂を歩くあいだじゅう、その黄昏は続く。

緯度の高い国を訪れて、ことに印象に残るのは、空がゆっくりと暮れることだ。昼から夜のあいだで空は時間をかけてその色彩を変えていく。赤道直下の、カーテンをさっと引くような日暮れとはまったく異なるそのゆるやかさ。

昼と夜の情景を交代させる透かし絵は、ドイツ、オランダ、フランスといった土地でその精巧さを増していった。それは、あの、長い黄昏の産物だったのではないだろうか。

透かし絵はがき

透かし絵はがき、とは裏側から光を当てることで、はがきの光景が変わるもの全般を指す。必ずしも「透かし」が入っているわけではなく、後に述べるようにはがきの一部に穴を開けたタイプのものもあるので、欧米のコレクターの間では「ＨＴＬ（Hold To Light＝光にかざす）」と呼ばれていることが多い。

透かし絵はがきの透かしはものによってはすこぶる精妙なのだが、そのディティールは、昼日中に少し光にかざしたくらいではわからない。だから、絵はがき店で買うときには、よほど強いライトを借りるか、主人にお願いして暗い部屋に持ち込んでみないとわかりにくい。

微妙な魅力だけに、誰かに説明するにも少し注意を要する。

いきなり絵はがきの裏側から光を強く当てるだけではいけない。単に別の絵が浮かびあがること自体がおもしろいのだと思われてしまうからだ。いったんそう思われてしまうと、透かし絵はがきはただのクイズにしか見えなくなってしまう。せっかくの絵はがきを次から次へとせかせか光にかざしては、ただ見えるものを「夕焼けね」「人の影ね」と、あたかも命名の儀式をするように納得するだけで終わりだ。そんな風に一瞥しただけでそこにこめられた繊細さがわかるわけがないのだ。

だから、たとえもったいぶったうっとうしい奴だと思われようとも、透かし絵はがきを見せるときは用意周到かつ慎重であらねばならない。

部屋は真っ暗にする。光源はロウソクのようなちいさなもの、それも前後に二つあるとよい。絵はがきの昼と夜を交代させるためには、二つの光源の位置を、ゆっくりと、少しずつ調節する。そうすれば、あの、昼と夜のあいだの長い黄昏がやってくる。遠い窓灯りがほのかに明るくなり、やがて夜が濃くなるまでの時間を再現することができる。

わたし自身は、透かし絵はがきを見るための小さな覗き箱を作って覗いている。これは後に述べるダゲールがジオラマ館で売っていた「ポリオラマ」を真似て作ったものだ。通常の覗き箱と違って、上面と後ろの面の二箇所がちょうつがいで止められた蓋になっている。上の蓋はいわば天窓であり、絵はがきの前面に向けて光を取り入れる。後ろの蓋は、絵はがきの裏側から外光を招き、絵を透かして見せる。二つの蓋は針金で連動してあり、上を閉じれば、後ろが開く。前面が暗くなるとともに透かしが明るくなる。簡単な仕組みだが、これなら驚くほど自然に夜と昼のあいだをクロスフェードでき、しかも好きなところで止めることができる。覗くことによって外への視覚は遮断され、箱の中の世界にゆっくりと浸ることができる。

こうした装置を使えば、一枚の透かし絵はがきを手に入れるだけで、長いこと楽しむことができる。透かし絵はがきの一枚一枚は、まるでスライドグラスに定着され、顕微鏡によってのみその鮮やかさを浮かび上がらせる標本のように、それぞれの豊かな秘密を抱えているのである。

透かし絵はがきの種類

裏側から光を当てることで絵はがきの昼を夜へと変えていく。このような透かし絵はがきは遅くとも一

ヴォルフ・ハーゲルベルク社のダイカット絵はがき（未使用）。ストラスブールのカイザー・ウィルヘルム大学。

パリ郊外にあるダゲール博物館に保存されているポリオラマ。小型のジオラマカードを鑑賞するためのもので、天窓を開けると昼の光景が、後窓を開けると夜の光景が透けて見える仕組み。

八九〇年代には登場している。

透かし絵はがきは大きく二種類に分かれる。ひとつは「ダイカット」と呼ばれるもので、これは絵の中の何カ所かが細かく切り抜かれたタイプのものである。裏から光をあてると、穴の空いた部分から光が差し込む仕組みだ。とはいえ、ただ穴が空いているだけではつまらないし、宛先面が穴だらけになってしまう。そこで、切り抜きのある層とは別にもう一枚薄い紙が貼り合わせてあり、この層にはあちこちに着色がほどこしてある（この着色層とは別に宛名を書くための層をもう一枚貼り合わせている場合もある）。光を裏側からあてると、切り取られた部分はあたかもステンドグラスのように柔らかな光りを放つ。

一八九〇年代からダイカット絵はがきを多く制作しているのが、ベルリンに本社を置いていたヴォルフ・ハーゲルベルク社である。中でも代表的なのは単色ダイカット絵はがきだろう。題材のほとんどは各地の都市建築であり、その窓のひとつひとつを丁寧に切り抜いてある。絵はがき全体は薄暗いブルーの単色で印刷されており、裏に貼られた紙のほうは紙本来の色でうっすらとクリーム色がかっていて、とくに着色はほどこされていない。そのせいで、光に透かすと窓灯りが紙本来の色に映えて美しい。この会社の絵はがきには窓以外の部分にも繊細な切り抜きがほどこされているものが多く、一枚一枚の製作工程を想像するだにため息がでるような出来である。のちには、ロンドンやニューヨークにも支社を出しており、「WH」のイニシャルの入った絵はがきが各国から発売されている。

もうひとつのタイプは「トランスペアレンシー」と呼ばれるものである。トランスペアレンシーには、ダイカットのような切り込みはない。一見しただけでは透かし絵はがきとはわからないため、うっかりすると、ただの絵はがきと間違えてしまうが、端にはたいてい「光にかざしてください」と但し書きがある。

トランスペアレンシーは三層構造になっている。通常の絵の層と宛先を書く層とのあいだに、もう一枚、着色をほどこす層が挟み込まれている。光にかざすと、この真ん中の層に描かれた色彩が浮かびあがる。黄昏の微妙な色合いを出すような工夫は、トランスペアレンシーならではのものだ。表の絵だけではなく、中にはさみこむ層にも別に印刷や彩色をほどこさなければならないので、それだけコストがかかり、通常の絵はがきよりも高価だった。

一八九〇年代末からヨーロッパで一世を風靡したトランスペアレンシー絵はがきに「メテオール（流星）」と呼ばれる一連のものがある。はがきの端に「メテオール」と書かれていることからこう呼ばれているのだが、複数の異なる会社が同じ名前を印刷しており、どこが開発元なのかはいまのところ明らかではない。メテオール絵はがきは、美しい黄昏の色や、雲間にかかる月の表現に特徴があり、その繊細な色づかいは、前後に複数の光源を使って見ると、ことに美しい。

絵はがきでこうした夜の風景が好まれたことの原因として、当時の写真技術の問題を考えておく必要があるだろう。当時は、黄昏やくらがりに浮かぶ灯りを鮮明に撮影するだけの十分な感光剤がなく、夜の風景を写真絵はがきにすることは不可能だった。イギリスでは、夜の光景を描いた（透かしのない）絵はがきが「ムーンライト・ポストカード」と呼ばれて好評を博すことすらあった。夜の微細な光を再現する透かし絵はがきは、図像体験としても新鮮だったのだ。じっさい、昼の光景を写した写真の一部を切り抜いて、そこに裏から光をあてて夜の光景へと転換させる透かし絵はがきも多数存在する。

ところで、「透かし」と聞くと、しろうと考えでは、光る部分のみに絵や色をほどこせば済みそうな気がする。しかしじっさいにはそう簡単には行かない。というのも、無着色の部分からも光が透けて、全体が明るくぼけてしまうからだ。そこで、色を出したい部分をハイライトにするために、それ以外の部分を暗く塗りつぶしておく必要がある。つまり、透かしの部分のみならず、透かさない部分にも着色する必要があるのだ。

この塗りつぶしのテクニックによって意外な効果が生まれる場合もある。表の絵から予想されるのとは異なる領域を塗りつぶすことによって、まったく異なる図像を仕込むことができるのである。たとえば左の図は童話「長靴をはいた猫」の透かし絵はがきだが、草むらの輪郭をうまく利用しながら、そこに予想外の人影を配置していることがよくわかる。

光と影の劇場

そもそも、絵はがきに見られるような透かし絵はいつ誕生したのだろうか。

紙を透かせてそこに像を浮かび上がらせることじたいはおそらく紙の性質が薄くなるにつれて世界のあちこちで発明されたに違いない。しかし、ヨーロッパにおいて、ただの絵を透かして見ることから、絵に切り抜きを入れたり裏側に彩色を凝らした透かし絵が現われ始めたのは一七八〇年頃のことであると考えられている。電灯のない当時、これらの絵を見るためには、絵の前面をできるだけ暗くし、裏側から強い

「長靴をはいた猫」透かし絵はがき。しかし、いっけんすると猫はいない。

前図を透かして見たところ。空は夕暮れに染まり、猫と農夫が現れる。1902年パリ消印。

光を当てる必要があった。そこで、光から絵を隠すための覗き穴が絵の前面に設けられ、裏に火を焚いたり外光を取り入れるための小さな空間が設けられた。つまり、透かし絵は、一種のピープショー（覗きからくり）のような装置によって鑑賞されたのである。じっさい、透かし絵は一八世紀のピープショー流行のすぐ後に現われるし、その構図の多くは、ピープショーで用いられたような、遠近法にのっとった風景画だった。

こうした透かし絵を、劇場に持ち込むことによって一世を風靡したのが、写真発明で知られるダゲールである。

ダゲールが開いた「ジオラマ館」は、いわばパノラマ館と透かし絵という二つの見世物を融合させたようなものだった。

そもそもダゲールの経歴は、これら二つの見世物にかかわっている。彼が画家を志した一九世紀初頭、パリでもパノラマ館ブームがおこっていた。一八〇七年、二〇歳のダゲールは当時パノラマ画家として有名だったP・プレヴォーの助手となり、観客を三六〇度ぐるりと取り囲む巨大なパノラマ画の制作にかかわった。

さらに一八一六年、今度は舞台装置の制作に取りかかるようになり、遠近法を用いただまし絵やガス灯を用いた照明を取り入れた斬新な舞台を手がけた。その「光と影」の演出は次第に話題となり、ついにはパリのオペラ座の舞台装置を引き受けるまでになった。つまり、彼は単なる画家というよりも、ただの絵画をあたかも現実と見せるだまし絵制作の経験を長く積んだのである。そして彼の得意とするテクニックは、パノラマ画で身につけた、現実の風景と見まがう遠近法と、舞台照明を利用する過程で身につけた、昼夜の風景を一枚の画布に閉じこめる透かし絵の技法だった。

ダゲールは、従来ピープショーで扱われてきた透かし絵を、舞台装置なみの大がかりなものにすれば、パノラマ館にも匹敵する現実感を与えられると考えた。そこで、これを「ジオラマ」と名づけ、一八二二年、ジオラマ館経営に乗り出した。ギリシャ語で「ジオ」は「通す」、「ラマ」は「見る」という意味であり、光を通して透かす絵、すなわち透かし絵というのが本来の意味だった。

ジオラマ館の構造は、三六〇度の円形劇場であるパノラマ館とはかなり異なっている。まず観客台ではなく観客席が設けられ、観客は決まった席に座って大きな舞台を鑑賞する。舞台には高さ一四メートル幅二二メートルの巨大なジオラマ画が掲げられており、光線の調節によって昼と夜の光景がゆっくりと入れ替わった。画布は三つ用意されており、数百人分の客席がまるごと回転して、一〇分から一五分ごとに次々と異なる絵を鑑賞できる仕組みだった（ジオラマの歴史とじっさいの作成方法については中崎昌雄『ダゲレオタイプ教本』〔朝日ソノラマ〕に詳しい）。

現在もパリ郊外の寺院にダゲールの描いた巨大なジオラマ画が残されているが、それはじっさいの祭壇の代わりに掲げられた、絵に描いた祭壇である。寺院内の照明を落とすと、絵の前面は薄暗くなり、かわりに裏側からは外光があたって透かし絵が浮かび上がる仕組みになっている。絵の中のロウソクは燃え尽きているのだが、その先の部分には、裏側に炎が描かれており、絵を透かすと、ロウソクに火が灯る。逆に絵の正面から光を当てると透かしは消え、あたかもロウソクの火が吹き消されたように見える。つまり、寺院の中が明るいときは昼の祭壇の光景が、寺院の中が暗いときには夜の祭壇の光景が浮かび上がるというわけだ。

都市の透かし絵

ダゲールのジオラマ館は絵はがきの流行した一九世紀末には衰退していた。その意味では、透かし絵はがきは、いわば一世紀前の流行を絵はがきサイズに圧縮したものに過ぎないと言えるかもしれない。

おもしろいことに、透かし絵はがきにはオペラに題材をとったものが多い。一世紀前にダゲールがオペラ座で進化させた光と影の舞台演出は、ワグナーの歌劇と出会うことでさらにその劇性を増しつつあったのである（左図）。透かし絵はがきの中には、オペラ座や劇場を描いたもの（巻頭カラー口絵B）のみならず、オペラの内容を二場面で表わしたものも数多く存在する。

さらにこの時代、劇場はすでに戸外へと拡張されつつあった。電飾の登場である。

一九世紀半ばから盛んになってきた電気照明は、劇場に導入され、博覧会の会場を飾るようになった。一八九三年に行なわれたシカゴ博では、九万アークもの電飾が会場内を照らし、エジソンの光の塔や電気館をはじめ、さまざまなパヴィリオン、そして川や滝が色鮮やかな電飾によって照らし出された。

そして、一九〇〇年のパリ万博は、このシカゴ博をも凌ぐ電気力の祭典となった。エッフェル塔のみならず、会場のあちこちの塔からサーチライトが空中を鋭く切り裂き、電気仕掛けの「水の城」や「幻想の館」が人気を集めた。もはやパリ市内の各所がイルミネーションによって劇場化していた。

「ローエングリン」透かし絵はがき。1902年パリ消印。

上図を透かして見たところ。エリザのもとに白鳥とローエングリンが現われる。

日本製の透かし絵はがき「清盛怪異を見るの図」絵はがき（未使用）。日本では18世紀後半から覗きからくりに透かし絵がしばしば仕込まれており、ダゲールのジオラマ以前に透かし絵文化があった。透かし絵はがきは「透影（すぎかげ）絵はがき」とも呼ばれ、日露戦争期ごろから日本でも発売された。

上図を透かして見たところ。保元の乱の亡霊が現れる。

ビスケット・メーカー、ルフェーブル・ユーティル（LU）の透かし絵はがきを透かしてみたところ（1903年2月18日フランス・ポワティエ消印）。灯台の上部に開けられた穴は、差出人か宛先人の機知によるものかもしれない。

そして、光のパリを表現するのにうってつけだったのが、透かし絵はがきだった。先にあげた「メテオール」絵はがきをはじめ、一九〇〇年のパリ万博やパリ市内を描いたものは数多く存在し、透かし絵はがきの中でひとつのジャンルを形成している。

この光あざやかな祭典にあやかって、透かし絵はがきによる広告を打ち出したのが、ビスケットの老舗メーカー、ルフェーブル・ユーティル（LU）である。当時ナントに巨大なビスケット工場（現在はアートスペースとなっている）を建設していたこの会社は、ミュシャのアールヌーボー調のポスターで知られるように、視覚的な広告に力を入れていた。そして、一九世紀最後の万博に出品するにあたって、セーヌ川沿い、エッフェル塔の対岸に、「LU」のロゴをつけた灯台を設置した。さらには、この灯台を描いた色鮮やかな透かし絵はがきを売り出したのである。

光にかざすと、灯台の頂上からは光が放たれ、空中に白抜きの文字で「LU」の文字が浮かび上がる。夜に光を放つ塔、という意匠は、万博会場で売り出されたエッフェル塔の透かし絵はがきにそっくりだった。

LUは万博会場絵はがきだけでなく、海浜行楽地の風景絵はがきにもこの灯台を登場させ、そこに光の透かしを入れている。それはあたかもネオンサインのように絵はがきの上に輝いた。

こうした透かし絵はがきは蒐集の対象になったことはもちろんだが、じっさいに誰かに差し出されることも多かった。使用済みの絵はがきを透かしてみると、インクの文字が裏返しに透けて、黄昏の時間に重なって見える。人々は、絵はがきをかざし、次第に暮れなずむ街や、影のように現われる人々、そして小さくゆらめくイルミネーションに、差出人によって書かれた自分の名前を裏返しに重ねたに違いない。

古い透かし絵はがきには、うっすらろうそくの火の焦げ跡がついていることがある。きっと、黄昏に魅せられすぎた人々の仕業だろう。

セルロイドエイジ

何か変わった素材のものは、とパリの古絵はがき屋で切り出したら、うす緑色に褪せた風変わりな絵はがきを見せられたことがある。

プラスチックなのだろうが、それにしては古めかしい。通信印はいずれもフランスの一九〇〇年代後半から一九一〇年代のもので、絵はがきの最盛期に送られたものだと知れた。

気をつけてくださいね、壊れやすいから、と言われておそるおそる手にとると、意外に硬い。Carte Postale と刷り込まれてはいるものの、絵はがきというより、安手の下敷きを小さくしたような感じだ。多くは年代を経て変質しているせいか、ちょっと力が加わっただけでも割れてしまいそうで、じっさい何枚かには、もう小さな亀裂が入ってしまっていた。

店の主人に「セルロイドだよ」と言われて、ああそうかと気がついた。

絵はがきの時代は、映画(セルロイド)の時代(エイジ)でもあったのだ。

セルロイド絵はがき

セルロイド絵はがきの感触は一風変わっている。まず、手に取ったときの硬さ、表面のかすかなざらつきと粘り気のなさ、そしてその鈍く重い光沢。同じ人工素材でも、現在流通しているヴィニル板の肌理（きめ）などとはずいぶん違う。

絵は、手彩色で描かれているか、もしくはカラー印刷した紙を貼り込んである。ただの印刷絵はがきに比べると、ずいぶん手間がかかっている。しかしそのわりには、紙製の手彩色絵はがきの、あの吸い込まれるような美しさはない。むしろ、素材のもたらす違和感が、こちらを拒んでいるようにさえ見える。

表書きが書き込まれ、切手が貼られると、セルロイド絵はがきの印象はさらに変わる。というのも、文字や絵がセルロイドの淡い色を通して裏側に透けてしまうからだ。流麗に描かれた文字や花の周りに表書きの筆記体が裏返しに映り込むその様は、よく言えば草むらにうずもれた花束、悪く言えば雨ざらしの新聞紙といったところだ。美しいかどうかはともかく、表裏の文字や絵が互いに干渉しあう感じは他に類を見ない。

セルロイド絵はがきの文字は、水性の筆記用具で書かれているにもかかわらず、まったくかすれていない。絵はがきの表面はほどよくざらついていて、インクや水彩は、にじむこともはじかれることもない。絵はがき商が書き込んだのであろう値段を示す数字は鉛筆書きで、これまた指でなでてもかすれない。

絵はがきの上で気ままに動かされたペンや筆の跡は、セルロイドの面と同化し、裏から透けて見えるほどに物質になじんでいる。自分の行為がモノの側に固着してしまったような独特の質感は、紙印刷とも、熱や化学反応で文字や絵を定着させるプラスチック印刷とも異なっている。

なぜ、セルロイドで絵はがきなのだろう。中には、凝った模様で縁取られているものもある。熱変形のしやすさがセルロイドを使った理由なのか。

いや、いっぽうで、何の変哲もない四角四面のものも多い。となると、セルロイドは、単に凝ったデザインを得るためだけに使われたのではなく、むしろ、その材質、そしてこれまで述べたような奇妙な質感じたいが売り物だったのではないだろうか。

現代のわたしたちにはいささか違和感を感じさせるこのセルロイドの質感に、いったいどんな魅力があったのだろうか。それを捉え直すために、セルロイドの誕生まで時代を遡ってみよう。

セルロイドの誕生

人類初のプラスチック、セルロイドの歴史は、絵はがきの歴史にやや先立つ。セルロイドのもととなったのは一八五六年にイギリスの発明家アレキサンダー・パークスがニトロセルロース（硝化綿）をもとに開発した「パークシン」だった。

パークシンが開発されたのは、当時、象牙に高い需要があり、それに代わる低価格の素材が求められていたからである。適度な硬さを持ち整形可能なパークシンは、象牙の代用素材としてうってつけだった。

パークシンには象牙にはない魅力もあった。それは色である。パークシンは、生成の際に着色をすることができたので、あとから表面に着色することなく、素材じたいに色を持たせることができた。これは、従来のゴムを使った人工素材にはない性質だった。

セルロイド製の新年絵はがき。
縁の側面は金色に塗られている。

セルロイド製の新年絵はがき。縁の加工されていないタイプ

このパークシンに改良を加え、「セルロイド」という名のもとに商品化したのはアメリカの発明家ジョン・ウェスリー・ハイアットである。

ハイアットが成功したきっかけのひとつはビリヤードだった。

それまで使われていた象牙のボールは密度が不均一で、しかも象の神経細胞の通る細かい穴が空いており、完璧な球とは言えなかった。一八六九年、アメリカのビリヤード会社は一万ドルの賞金をつけて象牙に代わる新しい素材のボールを募集した。そこでハイアットは樟脳を混ぜ方を工夫し、熱整形をよりしやすいものに改良して、これをビリヤード・ボールに応用したのである。

しかし、このセルロイド・ボールには問題点があった。ボールは激しくぶつかると爆発したのである。セルロイドの原材料であるニトロセルロースは、可燃性の高い物質で、ノーベルは同じ時期、ダイナマイトの改良にニトロセルロースを利用したほどであった。セルロイドの時代はダイナマイトの時代でもあった。

結局ハイアットは賞金を手にできなかったものの、話題づくりには成功し、新たに「セルロイド」と名づけられた素材は廉価さも手伝って世界に広まっていった。

セルロイド感覚

セルロイド製の商品を調べていくと、かつての人々がいかにさまざまな形でセルロイドと肌を合わせていたかがわかる。

たとえばハイアットが最初に作ったセルロイド会社は「義歯」製造会社である。噛み合わされたセルロイドからは唾液で樟脳が溶け出し、さぞかし食事をまずくしたに違いない。セルロイドは、鼈甲の代用品としても流行した。シャツのカラーやカフスやボタン、そして複雑な形をした櫛も、熱整形されたセルロイドでなら安価に作ることができた。髪はセルロイドでくしけずられ、その歯先が頭皮をなでた。ナイフの取っ手には象牙を真似てセルロイドが用いられ、万年筆には色鮮やかなセルロイド軸が使われた。野口雨情の童謡「青い目の人形」(一九二一年/大正一〇年)に唄われているように、人形をはじめとするさまざまな玩具がセルロイドで製造された。

極薄のセルロイドは曲げやたわみに対して折り目や皺がつきにくく、巻き取ってから再び引き出すことができた。一八八八年にジョージ・イーストマンは、透明な薄いセルロイドに写真乳剤であるゼラチン・シルバーを塗ったロール・フィルムを開発した。ロール・フィルムはまたたく間に乾板や鶏卵紙に取って代わり、これを用いたコダック・カメラは「あなたはボタンを押すだけ。あとはお任せください」というキャッチフレーズとともに、アマチュア・カメラマンを激増させた。

当時エジソンのアシスタントだったウィリアム・ディクソンは、イーストマンの開発したロール・フィルムを大量に買い込んだ。ロール・フィルムは連続写真の撮影を可能にし、さらにはポジ・フィルムによる連続鑑賞を可能にした。エジソンはこのフィルムを利用して、キネトスコープ(一八九二年)を開発した。透明なセルロイドフィルムは透過光による投射も可能にした。やがてリュミエールはスクリーンに投射するシネマトグラフ（一八九五年）を開発し、映画を誕生させた。

セルロイドは、写真を定着させるだけでなく、そこに直接描き込むのにも適していた。さらに、透明なセルを重ねることで、複数のセル画を容易に比較することができた。セルロイドはやがて、アニメーション制作の重要なツールとなった。

一九世紀末から二〇世紀前半にかけて、多くの人々が、セルロイドを手に取り、握り、身にまとい、セルロイド玩具を何度もなでさすった。セルロイドはかざされ、透かされ、そこに映像を定着させるためのメディアとなった。

身近になったセルロイドを「書く」ためのメディアとして扱う者が現われるのは、時間の問題だっただろう。セルロイド板の適度な硬さ、インクの乗りのよさは、書くことを誘っていたとさえ言える。そして、文字の書かれたセルロイドを手に取り、インクを乾かそうとあおいだときに感じられる手応え、平らな形に戻ろうとする独特の弾力は、他のさまざまなセルロイド製品がもつ面の感触を想い起こさせたに違いない。

四角四面のセルロイド絵はがきは、いわば新素材の見本板のようなものだった。ペンや絵筆を通して感じられる新しい触感、鈍い光沢、透明感、弾力感。そこには当時の人々が体験したセルロイド感覚が、「面」というもっとも単純な形で集約されていたのである。

ピンポンは廃り絵はがきは流行る

セルロイド絵はがきをある知人に見せていたら、そういえばピンポン球もセルロイドじゃないか、と言われたことがある。なるほどピンポン球のあの軽さ、表面の微妙なざらつきは、セルロイド絵はがきの感触にきわめて近い。とはいえそのときは、材質以上の共通点があるとは思えず、軽く聞き流していた。ところが、それからのち、大英図書館で一九〇七年の『絵はがきとコレクター』を読みふけっていたときに、意外な一文が目に飛び込んできた。

> 何年か前、絵はがきはピンポンと結びつけて考えられ、双方に対する熱狂はともに長続きするだろうと予想されていた。しかしピンポンはほどなく自然消滅し、いっぽう絵はがきは以前にも増して勢力を増している。
>
> (『絵はがきとコレクター』1907, vol.8, p.9)

「絵はがきはピンポンと結びつけて考えられ」たとは、何のことなのだろう。そして、現在これほど世界に普及しているピンポンが「自然消滅」したとはどういうことだろう。

一九〇一年のトーナメントで初代チャンピオンになったアーノルド・パーカーの『ピンポン　ゲームと

遊び方』（一九〇二年）によれば、ピンポンの歴史はおおよそ次のように始まる。

一八八〇年代、上流階級が暇つぶしに、シャンパンのコルクを削って作った球を使い、いくつもの本を重ねてテーブルを仕切って「テーブル・テニス」の原型が起こった。しかし、この遊戯がある程度定着しはじめたのは、ジェームズ・ギブが一八九一年に「ゴシマ」という遊戯名をつけてラケットとボールとネットのセットを販売し始めてからである。それは柄の長いラケットで、コルクやゴム製のボールを打つという、いわば屋内版のテニスであった。

セルロイド球が導入されたのは、ギブがアメリカから中空のセルロイドのボールを持ち帰ったのがきっかけだとされている。この球がラケットに当たる響きから、テーブル・テニスは別名「ピンポン」と呼ばれるようになった。

パーカーによれば、初期のセルロイド球はあまり質がよくなかったらしい。二つの半球の間に大きな継ぎ目があったため、思わぬ方向にバウンドしたのである。

ピンポン流行のきっかけを作ったのは、この問題を解決した改良球だった。一九〇〇年のクリスマス、継ぎ目のほとんど見えない、従来よりやや重めのセルロイド球が販売され、プレイヤーの実力が結果にしっかり反映するようになったのである。それから数ヶ月間のあいだにピンポン人口は一気に増えた。

そして翌一九〇一年の秋、空前のピンポンブームが訪れた。

ピンポンはもはや、シャンパンのコルクで興じる上流階級の遊戯ではなく、庶民が雨の日や陰鬱な冬の日を過ごすための格好の気晴らしとなった。パーカーのことばを借りるなら、それは「貧者のビリヤード」

となったのである。ネットとラケットとボールの入った箱入り卓球セットが飛ぶように売れ、ロンドンやその郊外のいたるところにクラブができ、一二月に行なわれたトーナメントには、二百人以上の人々が参加に応募した。

女性が気軽に参加できたこともブームを手伝った。裾をひきずる長いスカートや体のあちこちをしめあげるコルセットよりも、気取らない服装がピンポンには似合った。女性は動きやすいウォーキングスカートをはき、袖の長いゆったりした服とヒールの低い靴で卓球に興じるようになった。ブレスレットはさほど邪魔にならず、フォアにバックにと翻る手に輝く指輪は、かえって興を増した。

一九〇一年から一九〇四年まで、ロンドンはピンポンブームに沸いた。それはちょうど、絵はがきの最盛期と重なっていた。

絵はがきの招待状

ピンポンも絵はがきも、幅広い階層に楽しまれ、しかも屋内でできる気晴らしという点で一致していた。これに目をつけた絵はがき会社はこぞってピンポン絵はがきを発売した。ピンポン・コレクター、グラハム・トリミングの『卓球　遊戯のパイオニア』によれば、一九〇一年から一九〇五年に発行されたピンポン絵はがきは約百種類あり、そのほとんどはイギリス製だという。

中でも数が多かったのが、招待状絵はがきだった。絵はがきにはピンポンに興じる人々がコミカルに描かれ、その横には「〇日〇時にピンポン・パーティーをいたします」と、日時を書き入れるスペースをあけたメッセージがあらかじめ印刷されていた。

　当時のロンドン市内では、朝に投函した絵はがきは午後には先方に届いた。一枚わずか半ペニーで投函できるピンポン絵はがきは、思い立ったときに気軽に誰かを呼び出すのにきわめて便利な方法だったのである。

　ピンポン・ブームを世相として描いた絵はがきも発売された。その好例が、ロンドンの代表的絵はがき会社、ラファエル・タック&サンズが発行した「ライト・アウェイ Write Away」である。

「ライト・アウェイ」絵はがきにはイラストの横に簡単な文が途中まで印刷されており、「いますぐ／続きを書こう」というその名の通り、差出人がその続きを考えて書き込む趣向になっていた。コミカルなイラストにひっかけて通信文を書き込むことで、差出人は自分のジョークの技量を宛先人に披露することになる。これが諧謔好みのロンドンっ子の心を捉え、多くの「ライト・アウェイ」が発行された。

　この「ライト・アウェイ」の中に、ピンポン・ブームを皮肉ったものが十数種ある。

　たとえば、ピアノを弾いて気取っている男に向かって女性が「ピンポンをプレイなさったことはあって？」と尋ねている。あるいは公園のベンチに座ってお人形遊びをしている子供に紳士が「ピンポンをするかね？」と声をかけている。誰彼かまわずピンポンに誘う庶民のピンポン熱がうかがえる。

　他にも、部屋の隅に転がった球を探す男たちの横に「見つかればいいのだけど」、うやうやしくネットを直す男のそばに「彼が直すのは」など、プレイ中の機微に触れたものもある。

ラファエル・タック＆サンズ社の「ライト・アウェイ」絵はがき広告

サーブのように絵はがきを

しかし、もっとも興味深い「ライト・アウェイ」は、イラスト上のピンポンの身振りと、差出人の身振りを重ねる「わたしが……I...」シリーズだろう。

ある一枚にはサーブの構えをした男のイラストの横に、「I'm sending」（わたしが送るのは）とある。差出人は、サーブをする男が何をどう「送る」のかを書き加えることになる。しかし同時にそれは、絵はがきを「送る」差出人本人のメッセージとなってしまう。たとえば「（わたしが送るのは）メリー・クリスマス&ハッピー・ニュー・イヤー」と書き加えれば、ピンポン絵はがきはそのままクリスマス・カードになり、サーブのような時候の挨拶が送られることになる。

あるいは男女が卓の前でラケットを構えている横に「I begin」（まず始めに／わたしが始めたのは）とある。イラストに描かれたラケットの身構えは、絵はがきを書き出そうとしているペンの身構えに重なる。そこに書かれる通信文は、いわば最初の一打であり、球に回転が加えられるように、そこには諧謔が加えられることが求められていたのである。

人々はラケットを振るように書いた。絵はがきを出す身振りまでが、ピンポンになぞらえられた。球を打ち込み打ち返すピンポンのやりとりは、半ペニーの絵はがきをせっせとやりとりする行為に重ねられた。

敵陣にサーブを打ち込むように絵はがきを投函する。と、絵はがきは即日配達という速度を得て、あたかも軽快なセルロイド球のように相手のふところへ飛び込んだのである。

長すぎたサーブ

イギリスの国民的スポーツとして定着するかと思われたピンポンだが、一九〇四年ごろにはあえなく廃

We must fix on...（わたしたちが手直しするのは……）と題されたライト・アウェイ絵はがき。ピンポンが流行した1902年12月に投函されている（コヴェントリ宛）。差出人は、題に続けて次のような挨拶を書いている。「手直しするのは、わたしたちのクリスマスの願い。ピンポン台を直すがごとく。わたしからあなたとご主人への、クリスマスと新年のささやかな願いを加えることで」。

「ちょっとピンポンをしに入っていらして」と題されたライト・アウェイ絵はがき。誰彼構わずピンポンの相手に誘う人々を描いて、当時の流行ぶりをコミカルに表している。上の図とともに、当時のイギリスで人気のあったイラストレーター、ランス・サッカレーの筆による。差出人は題に続けて「早くピンポンをしに出ていらっしゃいよ」と記している（1905年消印、パークストーン宛）。

れてしまった。

その原因のひとつとして、初期のルールを挙げることができるかもしれない。当時、ピンポンのサーブは相手の陣地にノーバウンドで打ち込まれていた。そのため、サーブのコントロールが難しく、ラリーが続きにくかった。勢いの強過ぎるオーバーハンドのサーブは禁じ手となり、テーブルから離れて下手から打つサーブのみが許されることになったが、それでもなお、サーブは長過ぎた。

さらに、当時のルールの中には、自陣に飛んできたボールをノーバウンドで（つまりヴォレーで）打ち返

「ピンポンはもう御免」と題されたピンポン絵はがき(1903年3月消印、エセックス宛)。ピンポンブームの当時、家の中で遊んでいるうちに、球がそれて飼い猫を驚かせることがしばしばあった。添えられた差出人のメッセージは「だから言わんこっちゃない！」。当時のラケットは、現在よりやや大振りで、形はテニス風のものであった。

すことが認められているものもあった。皮張りだけでなく、ガットを張ったラケットもあった。テニスの屋内版として発生したピンポンは、まだテニス的なルールを引きずっていたのである。

ちなみに、サーブのときに自陣でワンバウンドさせるルールが公式に用いられるようになったのは、一九二二年のことである。モンターギュというケンブリッジの学生が、この新ルールを考案することで、廃れていた卓球にてこ入れをし、オーストリア、ドイツ、ハンガリー、スウェーデンの代表とともに、国際連盟を組織した。これが現在の国際卓球連盟（ＩＴＴＦ）の始まりである。

ディアボロに興じる少女。写真絵はがき（1909年オランダ・アルクマール消印）。

ピンポンに飽きたロンドンっ子が次に飛びついたのはディアボロだった。一九〇七年、二本の棒の間に渡したロープで、糸巻きのようなディアボロをあやつる遊びに、誰もが夢中になった。

ピンポンは廃れたが、絵はがきは健在だった。ディアボロ遊びを描いたイラスト絵はがきが市場に大量に出回った。しかし、相手のいらないこの遊びでは、絵はがきの招待はもはや必要なくなっていた。

一枚の中の二枚

古い絵はがきを見ていくと、ときおり、二つの同じような写真が一枚の上に並んでいるものが見つかる。もし予備知識がなければ、なんのための二つなのかわからないだろう。じっさい、古絵はがきをあつかった書物の中には、その意味を量りかねて、風変わりな絵はがきとして取り上げているものもある。

じつは、これは単に同じ写真を並べて奇をてらったものではない。立体写真絵はがきなのである。それが証拠に、注意深く二つの写真を見ると、人や物の配置がわずかだがずれている。この二つの写真をそれぞれ左右の眼で眺めれば、左右の写真のわずかなずれは、頭の中で奥行きに変換されて、絵はがきの中に世界が浮き上がる。

といっても、左右の眼でそれぞれ別の写真を見るのはそう簡単ではない。

人間の眼は近くを見るときには目線に角度がつき、寄り目になる。いっぽう遠くを見るときは目線が平行になり、目玉が中央に近づく。したがって、絵はがきを目の前にかざすと、目線は寄り目になる。ところが、絵はがきに並んだ二つの写真を見るには、この目線をあえて平行にし、左眼が左の写真を、右眼が右の写真を見るようにしなければならない。これをやるにはいささか訓練が必要で、誰でもすぐにできるというわけではない。

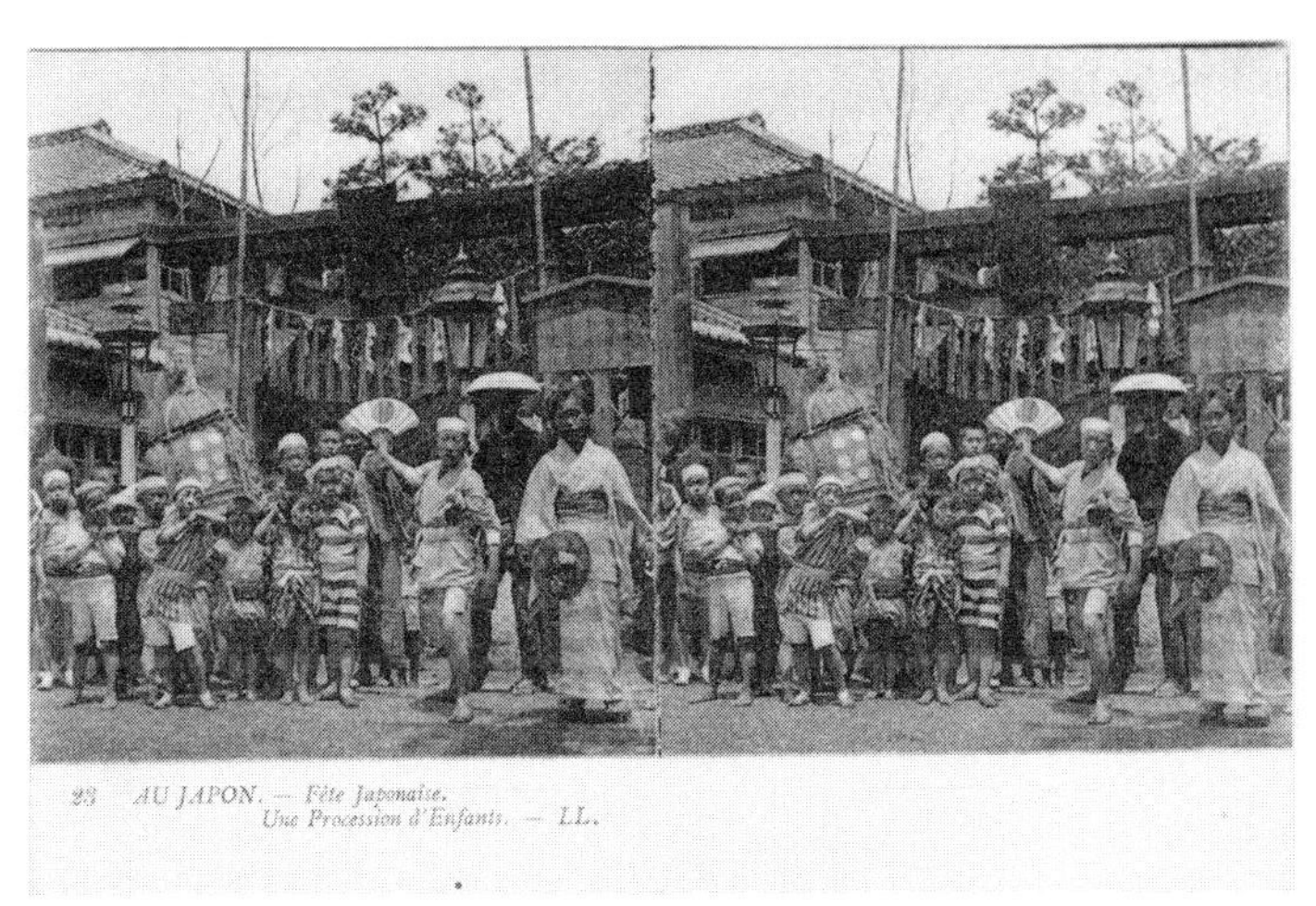

フランス製ステレオ絵はがき。「日本の祭――子供神輿」。

　ちなみに、ステレオスコープを使わずに見る方法は裸眼立体視（フリーヴューイング）と呼ばれている。この方法は一九九〇年代に「ステレオグラム」の流行とともに一世を風靡したので、記憶されている方も多いだろう。

　より簡単に立体写真を鑑賞するにはヴュワー（ステレオスコープ）を使う。ステレオスコープには、レンズが二つ付いただけの簡素なものもあれば、箱状の豪華なものもあるが、とにかく、これを使えば、片方の写真が視界から隠れるため、左右の目線が自然とそれぞれ別の写真に向く。今日（こんにち）、立体眼鏡を家に備えている人はそう多くはない。だから、雑誌などで立体写真を掲載する場合は、たいてい簡易型のステレオスコープが付いてくることが多い。

　それにしても、不思議なことがある。立体写真が印刷された絵はがきは一九世紀末から二〇世紀初頭にかけて発行されている。当時の人々は、二つの写真をいきなり絵はがきで送られて、その意味を理解できたのだろうか。仮にそれが立体写真と理解できたとしても、どうやって鑑賞していたのだろうか。

じつをいえば、当時の人々には裸眼立体視の方法はほとんど知られていなかった。にもかかわらず多くの人々が立体写真を鑑賞することができた。なぜか。そのわけを説明するには、立体写真の歴史をひもとかなくてはならない。

ステレオグラムの登場と立体写真

二枚の異なる絵を左右の眼で見ると、それは奥行きに変換される。この画期的な発見をしたのは、イギリスの物理学者ホイートストンである。ホイートストンがこの事実を発見したのは写真の発明よりさらに前の一八三二年で、そのため彼の論文には、立体写真ではなく、手書きの図形を左右でずらしたものが掲載されている。

ホイートストンは、この図形を見るためのステレオスコープについても論文にしている。それは鏡を使って二枚の絵を反射させるタイプのもので、装置としては大がかりなものだった。

ホイートストンと相前後して、ステレオグラムの原理に気づいたブリュースターは、写真の発明後、よりコンパクトな箱形のステレオスコープを考案した。箱の裏側はガラス張りになっており、そこにダゲレオタイプを入れて光にかざすと、写し込まれた世界が浮き上がる仕組みだった。

この箱にはもうひとつ光を採り込む場所として、上に天窓が付いていた。これは鶏卵紙に裏紙を貼って作られた立体写真（ステレオ）カードを鑑賞するためのあかり採りだった。紙の場合はガラス板のように後ろから光を当てるのではなく、前面から光を採り入れる必要があったのである。

おもしろいことに、写真の前後から光を採ることができるこの箱は、のちにティッシュー・カードと呼ばれる透かし立体写真を生むことになる。ティッシュー・カードは、薄い鶏卵紙に印刷された写真の裏に薄紙を貼り、そこに微妙な着色をほどこしたものである。これに前面から光を当てるとただのモノクローム写真に見えるが、裏から光を当てて透かしてみると、鮮やかな色彩が浮かび上がる。ブリュースター式のステレオスコープを使えば、ポリオラマ（「透かしは黄昏れる」参照）よろしく、天窓を開け閉めすることでモノクロとカラーの世界が交代するという仕組みである。

ティッシュー・カードはいわば立体写真とジオラマ画が合体したようなものだった。カード型の手軽な透かし絵というこの形式は、のちのメテオール絵はがきを中心とする透かし絵はがきの原型となった。

フリスの風景写真

一八五一年のロンドンの万国博覧会、水晶宮にはブリュースター考案のステレオスコープが展示された。これを覗いたヴィクトリア女王は浮き出す世界にいたく感じ入ったと言われる。この噂が世間に広まり、立体写真はにわかに世間の注目を集めた。

いっぽうこの万博では、もうひとつ、人々を熱狂させたものがあった。それはエジプトの遺跡から持ち込まれた数々の巨大な発掘品である。身の丈をはるかに越えるその規模に人々は度肝を抜かれた。いったいいかなる場所にこのような途方もないものが置かれていたのか。そこにもし身を置いたなら、どのような感覚に襲われるのだろうか。ときはまさに英国の大旅行時代、異国への関心はいやが上にも高まっていた。

覗き窓から世界の奥行きへと誘う立体写真。謎めいた巨大さで異国へのあこがれを誘うエジプトの発掘品。この二つを結びつけたのが、写真家フランシス・フリスであった。

フリスはエジプト、シリア、パレスチナといった国々を繰り返し訪れ、そこで撮影した写真をもとに一八五八年から一八六二年にかけて、八冊の立体写真本を出版した。収録された写真は四百点以上にのぼり、いずれも鶏卵(アルブミン)印刷によって紙に印刷されたものだった。写真史上、これほどのまとまった立体写真本が刊行されたのは珍しい。

写真の歴史は、ダゲレオタイプから湿式コロジオンの時代に移っていた。湿式コロジオンでは、撮影されたガラス板はすぐさま暗室で現像する必要があり、砂漠の猛烈な暑さと乾燥は現像の大敵だった。フリスの撮影隊は現像のための巨大な暗室を持参して、砂漠を移動した。

ブリュースター型のステレオスコープでは、二つの写真を一枚のカードに印刷したものをステレオスコープに差し入れて鑑賞する。しかし、フリスの写真は本の形態をしていたため、カードのように差し込むことはできず、箱形ステレオスコープで鑑賞することはできなかった。そこで写真集には次のような専用ステレオスコープの案内が添えられていた。

この巻専用のステレオスコープを用意しております。ポケットブックサイズの折りたたみ式のもので、書斎のテーブルにぴったりです。所定の会社に注文して下さい。

フリスの書物は単なる写真集ではなかった。各立体写真には、エジプト研究者による注釈がつけられており、写真を見ながらそれを読めば、遺跡に関する一通りの知識が身に付く仕組みだった。写真と解説のセットによって旅ごころを喚起するこの方法は、後に述べるステレオカード会社の製品に踏襲されることになる。

フリスは撮影だけでなく、印刷技術にも独自の功績を残した。立体写真を鶏卵紙に印刷するために、フリスは自ら出版工房を設立し、大量印刷に対応した。熱心なクエーカー教徒でもあったフリスは、その出版技術を生かし「クイーンズ・バイブル」と呼ばれる、一九世紀におけるもっとも豪奢な聖書も発行している。

フリスの印刷工房の成功は、のちのイギリス絵はがき史に重要な役割を果たすことになる。一八六〇年代から、フリスおよびフリス社所属の写真家たちはイギリス全土を精力的に撮影し続け、一八九八年にフリスが亡くなった頃には、ガラス乾板のストックは数万に及んでいた。

折しもイギリスには絵はがき流行が到来しようとしていた。フリス社ではこれらの乾板を絵はがきの原板に転用し、のちには、手彩色を導入し、モノクロの画面に独特の濃い着色をほどこすようになった。

こうして、フリスの撮影し続けた写真は、絵はがきの形をした前世紀のアーカイヴとなり、街角の売店で売られるようになった。一九〇〇年代に色鮮やかに蘇った古き良きヴィクトリア朝の風景を、人々はタバコや新聞を買うついでに、気軽に求めることができたのである。

絵はがきの流行とともに、フリス社では、さらに風景写真のストックを充実させるべく、各地の写真家と提携して、同時代の国内の村々や通りの写真を集め続け、新たな写真絵はがきを大量に発行し続けた。現在でも、イギリスの蚤の市で、地方の風景を写したフリス社製の古絵はがきにしばしば出会うのは、こうした経緯による。フリス社は一九七〇年に事業を停止したが、これらの写真は今なお一九世紀から二〇世紀のイギリス風景の貴重な資料となっている（http://www.francisfrith.com/）。

ステレオ・リテラシーの向上

ステレオスコープが水晶宮で成功を収めたとはいえ、立体写真はまだ庶民のものとは言えなかった。ひとつには撮影側の問題がある。立体写真を撮影するためには、左右の眼の幅だけ、異なる位置から撮影をしなければならない。初期の立体写真では、一台のカメラでこれをこなしていた。一度撮影をしてから、カメラの位置をわずかに横に移動させ、再び撮影を行なったのである。そのため、カメラを移動する間に被写体の一部が動くと、その部分は奥行きを欠いた亡霊のように写った。このため、二台のカメラで同時に撮影する方法が用いられることもあったがこれには手間と費用がかかった。立体写真を大量に撮影するには、もっと簡便な方法が必要だった。

この問題は一八五〇年前後に登場したステレオカメラによって解消された。ステレオカメラは二眼のカメラで、二つのレンズは横並びになっており、左右の眼の幅だけ離れている。こうすれば、被写体にレン

フリス社製、1898年撮影のウェールズ、ドルゲライの風景写真。絵はがき以外にも、こうしたアルバムに貼り込むための写真をフリス社は多数販売していた。

フリス社製絵はがき。風景写真の撮影地はあちこちの小道に及んだ。ウェールズ、クローベリー「海を覗く」。未使用。

ズを向けるだけで左右の像が自動的に得られることになる。手軽なステレオカメラの登場によって、撮影旅行はより容易になり、世界各国へと立体写真家が進出するきっかけとなった。

ステレオカメラの登場によって、左右の露出はぴったりと同期され、動く被写体の奥行きも正確に捉えられるようになった。このことで、「瞬間写真」と呼ばれる新しいジャンルが生まれた。当時の写真家ウィリアム・イングランドは、ニューヨークの通りに降る雨やナイアガラの滝を撮影した。ステレオスコープで覗くと、雨や滝は、まるで水の彫刻のように見えた。ステレオカメラの登場によって、立体写真は時空を止め、世界を固化する力を得たのである。一九世紀後半の立体写真には、噴出する泉や池の波紋など、液体の瞬間的な映像を捉えたものが数多く現われるようになる。

いっぽう、写真を鑑賞するための道具も改良された。ブリュースターの考案した優雅な箱形のステレオスコープは、単なる道具というよりは、贅沢な調度であり、子供には、かざすのがためらわれるような重々しさだった。これを簡便にしたのがアメリカの物理学者ホームズである。彼が一八五九年に開発したホームズタイプ・ステレオスコープでは、豪華な箱は取り除かれ、立体写真を見るための骨組みだけが残された。片手で持てるように簡単な取っ手がつけられ、写真の取り付け部分は取り外し可能な木ぎれになった。いっぽう、覗き窓には、ブリュースターのステレオスコープにはなかったフードが取り付けられた。これによって、鑑賞者は外界から視界を遮断され、立体写真の世界に没入できるようになった。

かくして、立体写真の制作と鑑賞はより簡便になった。一九世紀半ばに、いわばステレオ・リテラシーの基礎が確立されたのである。

見世物としての訪問販売

このステレオ・リテラシーをもとに、立体写真をより広く一般に普及させたのが、立体写真（ステレオ）カードを数多く発行したアンダーウッド&アンダーウッド社（以下U&U社）である。

'Nature Brought into the Home"

「ご家庭で自然を」と題されたステレオスコピック・ポストカード社の広告。女性がホームズタイプのヴュワーを手に絵はがきを鑑賞している。

簡便なステレオスコープがひとつあれば、さまざまな立体写真を鑑賞することができる。つまり、ステレオスコープが普及すれば、新しいステレオカードを次々と供給する場、いわばステレオ市場が生まれることになる。再生装置が普及すれば、映像ソフトの販売数が増えるのと同じことである。そこで、U&U社がとった基本戦略は、市場開拓のための訪問販売だった。

U&U社は、一八八七年にセールスマン向け販促マニュアルを発行し、その後も改訂を重ねて社員教育に努めた。このマニュアルには「身なりを正せ」「環境に順応せよ」などといった訪問販売の基礎が書かれているだけでなく、立体写真に特有の事情を考慮した細かい指示が書かれている。たとえば、訪問の際の手管はこんなぐあいだ。

いきなり立体写真を見せずに、ポケットから簡単な抽象図形を描いたカードを、ステレオスコープなしで見せよ。この図形で相手の好奇心をくすぐったら次のように言うこと。

「御存知でしたか。二つの眼による視覚原理に基づいた特別な写真を使いますと、ご主人の心の中に、まるで世界のあちこちにほんとうに訪れたのと同じような感覚や感情や印象が作り出されるのですよ。試しにこの図形で、一つ目で見たときと二つ目で見たときがいかに違うか、ご覧に入れましょう」

時間をかけて商品の魅力を紹介するという意味では、訪問販売とは単なる物品販売ではなく、いわば一対一の見世物であった。そしてセールスマンは、単に品物を売りつける者でなく、立体写真の鑑賞を通して相手を魅了する香具師でもあった。U&U社のマニュアルには、写真を交代させるための細かいテクニックまで書かれている。

シーンを変えるときは、前の立体写真を抜く前に、次の立体写真を前のものの後ろにおくこと。このことで相手の注意を引き続けることができる。ある程度長い時間をかけ、しかしすっかり満足させないうちに次のものにとりかえること。それぞれの写真を見せるときにはまずタイトルを口頭で言って、それから説明を述べること。

このようにU&U社のセールスマンたちは、マニュアルに従って、立体写真の世界に引き込まれつつある客の感覚を巧みに誘導しながら、写真の臨場感を高めていったのである。マニュアルには、一枚一枚の写真を見せる際の説明まで記されている。それは、さながら見世物の口上であった。

「第二ピラミッド、そのオリジナルの外壁の一部と砂漠を、大ピラミッドより臨む」。大ピラミッドのてっぺんから見渡したら世界はどんな風に見えるでしょう。そんなことが体験できるなんて思いもよらないことです。ところが、あなたがいままさにご覧になっているのが、その光景なんです。向こうのほうに別のピラミッドが見えるでしょう、あのてっぺんと同じような場所に、いまあなたは立っているんです。ここは砂漠から高さ一三七メートルの場所です……。

U&U社は、エジプトのみならず、日本を含むさまざまな国に写真家を派遣し、その成果はやがてU&U社の世界旅行シリーズとして刊行されるようになった。現在の出版社がしばしば行なっている世界の遺跡や名所を扱った出版物のルーツと言っていいだろう。

旅行シリーズの他にも、自然の驚異、キリストの生涯など、U&U社の発行したステレオカードは多岐にわたる。教会によっては、信者の数だけステレオスコープとカードを買い求め、キリストの教えをとくところまであった。

U&U社の台頭は他のさまざまなステレオカード会社を生んだ。そして、これら会社のセールスマンたちの努力によって、アメリカ、イギリス、ヨーロッパにおけるステレオスコープと立体写真の普及率は飛躍的に向上した。一九世紀末には、イギリスのほとんどの家庭にステレオスコープが行き渡っていた。

立体写真絵はがきが登場したのは、このような時代だったのである。

立体写真絵はがきの登場

おもしろいことに、異国の風景、自然、宗教など、ステレオカードの題材のほとんどは写真絵はがきの題材と重なっている。一枚の小さなカードに写真を印刷し、それを蒐集の対象とさせる点で、一九世紀後半のステレオカードの流行は、蒐集の対象としての写真絵はがきを用意したといっても過言ではないだろう。後の絵はがき流行期に、ステレオカードと同じ形態をした絵はがきが登場したのも、当然の成り行きだったといえる。

立体写真絵はがきの多くには、風景のくだくだしい説明はなく、絵はがきの下にはタイトルのみが記されていた。その写真がどのような意味を持つかは、むしろ差出人の説明に委ねられていたのである。

立体写真絵はがきが登場したのは、当時ステレオリテラシーが確立していたからでもある。一九〇四年の『絵はがきとコレクター』誌の記事には、ラファエル・タック&サンズ社の発行した立体写真絵はがきが紹介されているが、そこにはこう書かれている。

いまではほとんどすべての家庭にステレオスコープがありますから、このような愛らしいカードを友達の誰に送っても二重に喜ばれることは間違いないでしょう。

つまり、当時の人々は、裸眼立体視ではなく、既存のステレオスコープによって立体絵はがきを鑑賞していたのである。

当時、ステレオカードは一枚が六ペンスはした。それが、タック社の立体写真絵はがきはたった一ペンスだったのだから、その値段は魅力的だった。

ただし、立体絵はがきを従来のステレオスコープで見るには少し問題があった。既製のステレオカードに比べて、絵はがきのサイズが少し小さかったのである。このため、数百種の立体写真絵はがきを発行していたステレオスコピック・ポストカード社は、一九〇六年にステレオスコープに取り付けるための針金製ホルダーをつけた絵はがきを売り出すようになった。

既製のステレオスコープではなく、専用の眼鏡を用いる絵はがきも現われた。イギリスの発明家、セオドア・ブラウンは一九〇六年に「マジック・カード」という写真絵はがきを売り出した。はがきの下部に赤青式の眼鏡をつけ、これを切り取ってはがきの写真を鑑賞するというものであった。立体写真絵はがきに眼鏡をつけるというアイディアは、近年再び用いられるようになり、ヨーロッパの観光地でしばしばお目にかかる。

ちなみに、ブラウンは立体写真や幻燈を用いてさまざまな実験的な発明を行なったユニークな人物で、他にも、ステレオスコープに穴あきの円盤をつけて二枚の絵をアニメーション化するという風変わりな装置を考案したり、立体写真を幻燈で投影し多人数で鑑賞する装置を開発している。

日本でも製造されたステレオカード

日本で発行された立体写真絵はがきもコレクター市場で販売されていることがあるが、ヨーロッパで発行されているものに比べるとその数は多くない。

ただし、ステレオカードじたいは明治期から一般にも普及していた。たとえば正岡子規は古島一雄（古洲）に「双眼写真」（立体写真）を送ってもらったことを『病床六尺』に「嬉しくて嬉しくて堪らんのだ」と書き残している。深い奥行きを持つ世界に没入することのできる立体写真は、病床の子規のよきなぐさめであった。

子規の遺品から、古洲が買い求めたのは、神田の「活画館」製の双眼写真であることがわかっている。最近、この「活画館」の経営者の縁者の方にお会いする機会があり、震災や戦争をくぐり抜けてきた貴重なステレオカードを拝見することができた。カードはいずれも写真を厚紙に貼ったもので、レンズによる歪みを考慮してわずかに湾曲していた。この湾曲は、U&U社のものをはじめ、ホームズタイプ・ステレオスコープで鑑賞するカードに特有の形だ。

A "MAGIC POST-CARD," BY BROWN, OF BOURNEMOUTH.

セオドア・ブラウンが1906年に発明した「マジック・カード」。赤青式（アナグリフ式）の写真絵はがきだった。

日本製立体写真絵はがき。「祇園会　岩戸山」

活画館のステレオカード裏に描かれた商標。円の中にブリュースター型（箱型）とホームズタイプ型のステレオコープが描かれている。

いずれのカードも、遠景、中景、近景に事物が巧妙に配置されており、立体写真としてすばらしい質のものだった。カードの裏には、「活画館」の優雅な文字とともに、ブリュースター型のステレオスコープ、ホームズタイプのステレオスコープが描かれていた。この会社が一九世紀のヨーロッパやアメリカで培われた技術を導入していたことは間違いない。

活画館のステレオカードは、第五回の内国勧業博覧会（明治三六年／一九〇三年）、東京勧業博覧会（明治四〇年／一九〇七年）、大正博覧会（大正三年／一九一二年）に出品されて好評を博している。これらの博覧会の時期はちょうど絵はがきの流行期にあたる。日本における立体写真絵はがき製造に、活画館のような優れた技術を持った会社がかかわっていた可能性は大きいだろう。

カードとディスプレイ

絵はがき集めは文字通り手軽な趣味である。絵はがき市などであちこちの店を回り、ずいぶん買ったつもりでも、戦利品をひとつにまとめて端をとんとんと揃えると、片手で持てるほどの束に収まる。じつにあっけない。

そのくせ、部屋に戻っていったんこの束を広げると、このはがきにもあのはがきにも見所があり、あれこれと分類の組み合わせを考えるうちに、床や机が一面はがきで覆われてしまう。

縦横同じ大きさの小さな紙の集まり、つまりカードには、奇妙な魔がある。かき集めてきれいな山にすると手のひらに収まるのに、広げると収拾がつかなくなる。

集積され、分配されるたびに、カードの担う運命は新しくなる。タロットであれトランプであれ、カードを手にする者には不思議な力が宿る。縁のそろった小さな山に指をかけ、一枚また一枚と切り出していく作業は、次第にまじないめいてくる。

絵はがき（ポストカード）もまたカード性を帯びている。たとえば年賀状の束を手にして家族のために分ける者が持つかすかな神聖さは、おそらくカードの力によるものだろう。

もちろんカードは深刻なものではない。そこには破られるべき封もない。一枚の紙の裏表は、容易に翻すことができる。しかし、カードが片方の面だけをこちらに向けているとき、その裏表こそが秘密のありかとなる。裏は表の、表は裏の覆いとなり、お互いがお互いの秘密を隠し持つ。表は裏を、裏は表を見ることを誘う。

一つの山から平面へと広げられたカードは、たとえそれが乱雑に並べられたものであっても、見る者に謎をかける。同じ形式に作られたものは、形式という符丁でお互いに呼びあうように見える。どのカードの表も互いに呼び合うように見える。

ただし真の声は裏に隠されている。「神経衰弱」や貝合わせは、同じ形式にまどわされる遊びであり、同じ形式の裏側に真の声を聞く遊びである。謎が多すぎるのは閉口だし、謎が少なすぎるとつまらない。トランプがジョーカーを除いて五二枚という枚数に落ち着いたのは、長いカードの歴史の中で、謎の平衡が求められた結果だろう。

漱石の『吾輩は猫である』で鼻子が訪問する場面にも、カードの魔が放つ手軽さと深刻さが漂っている。娘の交際相手である寒月君の素性を調べにきた「鼻子」は、主人に向かって「何か御宅に手紙かなんぞ当人の書いたものでもございますなら一寸拝見したいもんで御座いますが」と厚かましい要求をする。「手紙」と指定しているのは、鼻子が求めているのが封のされたもの、そこに深刻な秘密を宿しているものだからだろう。鼻子ははがきが流通する以前の、手紙感覚の持ち主らしい。

ところが主人は、鼻子の勘ぐりに水を浴びせるように、「端書(はがき)なら沢山あります、御覧なさい」と書斎から寒月君のはがきを「三四十枚」持ってくる。それはまさに「端書」の集積であり、「そんなに沢山拝見しないでも――其内の二三枚丈……」と鼻子が鼻白むような量なのだが、いっぽうで、謎遊びにふさわしい枚数であるとも言えるだろう。じっさい、そばにいる迷亭先生は、「どれ〳〵僕が好いのを撰ってやらう」と、この遊びの分配役に名乗りをあげてしまうのである。ここで寒月君のプライヴァシーが一顧だにされていないのは、はがきという形式がもつ開かれた気安さゆえだろう。

かくして選び出された一枚には狸が描かれており、それは声を出して読み上げる鼻子を馬鹿にするかのような内容である。「旧暦の歳の夜、山の狸が園遊会をやつて盛に舞踏します。その歌に曰く、来いさ。としの夜で。御山婦美も来まいぞ。スッポコポンノポン」。

結局、鼻子はこの、真面目とも遊びともつかないはがきの披露につきあいきれず、なおもはがきを出そうとする迷亭先生に対し「いえ、もう是丈拝見すれば、ほかのは沢山で、そんなに野暮でないんだと云ふ事は分りましたから」と断りを入れ、わずか三枚の絵はがきを検分しただけで退散してしまう。

個人の展示空間

ある知人の家で手洗いを借りようと扉を開けて驚いたことがある。というのも、その扉の内側は、彼女が受け取った、ありとあらゆる国からの絵はがきで埋め尽くされていたからである。はがきはまるで、はりまぜ屏風のように、さまざまな方向に重ね合わされている。あるものは絵の側、あるものは通信欄の側が表を向いていて、その重なりのところどころに文面が表れている。それをところどころ拾い読みしながら、不思議な気分になる。一枚一枚内容の異なるそれらの絵はがきが、絵はがきという同じ形式を持っているがために、このようにひとつの壁に集い、壁のあちこちから一人の差出人に向けて呼びかけている。絵はがきは、その形式ゆえに、ひとところに集まり、互いに呼応する運命を持っている。そのカードの魔に触れた人は誰しも、その運命に忠実に従い、カードを集め、広げずにはいられない。そして封のないカードの開放性に促されるように、広げたカードを人前でみせずにはいられないのだ。

二〇世紀初頭、イギリスでは大量の絵はがきが流通するとともに、絵はがきのディスプレイに凝る人々が狙われ始めた。

たとえば、一九〇二年の『絵はがきとコレクター』誌にメアリー・ハートレーが寄せた「新しい絵はがきの使い方」なる文章は、いまでは考えられない大胆な提案をしている。

> 絵はがきを集め始めると、すぐにたくさんのものが集まってしまって、どうしたらいいか途方に暮れてしまうものです。そこでわたしのやっております以下の方法をおすすめしたいと思います。これは老若を問わず、長い冬の憂鬱な時期を慰めるのによい方法だと思うのです。
> まず手始めに、人を雇って壁紙をはがします。壁の表面をきれいにして、ここに絵はがきを貼っていきます。これがいちばん時間のかかる作業で、ざっと一日半ほどかかるでしょうか。(中略)壁に飾るときは堅苦しくではなく、ある程度でたらめに、ただし、それぞれの絵はがきの特徴を生かすよう

に配置いたしましょう。(中略)
この作業のなんと楽しいこと、そして、お気に入りの絵はがきが呼び覚ましてくれる思い出のすてきなこと! 子供に手伝ってもらえば、簡単な地理の勉強にもなりますし、歴史のさまざまなできごとが小さな心に刻まれることになるでしょう。

このあと、さらにはニスを二度、丁寧に塗る。霧深いロンドンの冬ならではの、なんとも気長な慰みである。

さてついにできあがりました。これからがお楽しみなのです! 部屋で午後のお茶会を開かねばなりません。わたしたちは友人を招待して鑑賞会をいたしました(その中にはこの装飾のための絵はがきを分けてくれた友人もたくさんおりました)。今でも、この「絵はがき部屋」のおかげで楽しい時間を過ごしております。たとえば、雨の日にはこの部屋で絵はがきパズルをします。たとえばメアリー・アンダーソンの家はどこか。キプリングの家はどこか、競走馬のロード・ボブズは、スペインの洗濯女は、アイリッシュ・ティーパーティーは、というぐあいに。

それにしてもこれはもはや、好みの絵はがきをちょっと壁に貼るというような気軽さではない。気に入らなくなった壁紙ならびりびりとはがしても悔いは残らないだろうが、絵はがき、それも人にもらった絵はがきが貼り込んであるとなると、気分が変わったからといって容易にはがすわけにもいくまい。壁一面の絵はがきと何年も暮らす覚悟がなければとても実行できそうにない。

このアイディアに比べると、一九〇六年の春にラファエル・タック&サンズ社から発売された「絵はがきつい立て」は、よほど実用的で万人向けに感じられる。それは火のない暖炉隠しに使われる四つ折りのつい立てで、各面には三枚の絵はがきを差し込むスリットがついている。ここに好みの絵はがきやタック社製の「つい立て用絵はがき」を差し込んで鑑賞するというものである。絵はがき流行期ならではの商品と言えるだろう。

そしてこのつい立ての発売後、タック社は、さらに絵はがき装飾を促進するための企画を打ち出した。

この頃、タック社は、毎年異なるテーマによる「絵はがき賞コンクール」を主催していた。「絵はがきによる仮想旅行」「使用済みのタック社製絵はがき集め」など、絵はがきの販促目的を兼ねたさまざまなテーマは、その都度『絵はがきとコレクター』誌の表紙で発表された。そして、一九〇六年の秋に発表されたテーマは、ずばり「絵はがきによる家庭内装飾」だったのである。

これは、つい立てや調度にタック社製の絵はがきを貼り込んだものを応募し、その美しさを競うという趣向で、もちろんタック社は商魂抜け目なく、コンクール用に無地のつい立てを新たに売り出し、コレクターの競争心をあおった。

コンクールの結果は、翌年の『絵はがきとコレクター』誌で発表されたが、受賞作品には凝りに凝ったものが並んでいる。

一等賞を得たのは六三〇枚のタック社製絵はがきを使用したムーア風テーブルで、絵はがきは模様を出すためにさまざまな曲線で切り抜かれ貼り込まれていた。二等賞はステンドグラスを模したつい立てで、薄い彩色絵はがきに裏から光を当てるとあたかもステンドグラスのごとく透過光を投げることを利用したものだった（図1）。受賞作にはいずれも数百枚の絵はがきが使われており、枚数が賞の選考基準のひとつであったことは想像に難くない。

このコンクールは、もちろん応募者の腕を競うためのものだったが、色彩の豊かな作品が選ばれることで、結果的にはタック社製絵はがきのカラフルさを宣伝することにもなった。

展示用品の進化

絵はがきの流行は個人による絵はがき装飾のみならず、絵はがき店におけるディスプレイの方法までも進化させていった。

現在でも、観光地のみやげ物屋にいくと、タワー型の回転式絵はがきディスプレイを見かけることがある。重たい鉄製のフォルダを力を入れて回し、裏側に隠れていた絵はがきを探していくその感触は、経験した者には忘れがたいものだ。

こうしたタワー型のディスプレイは絵はがきサイズにぴったりのフォルダを備えており、ほかの用途にはさほど使えそうに思えない。店の備品としては、かなり高額のものであるに違いなく、そして少なくともかつては、その出費に見合う売り上げがあったはずである。

このようなディスプレイの発祥は、絵はがき流行期に遡る。二〇世紀初頭のイギリスにおいて、絵はがきの流行はさまざまなディスプレイ装置を生んだ。最初はドイツやフランス製の輸入品が用いられていたが、小さなことに機能性を求めてやまないこの国の人々の気質は、次第に海外の追随を許さない凝った装置を生み出していった。

図1　ラファエル・タック&サンズ社主催の絵はがき室内装飾コンクールで二等賞を受賞した作品。756枚の絵はがきが用いられている。

絵はがきディスプレイの進化を加速したひとつの原因は博覧会だった。

ロンドンのイスリントン区でたびたび開かれた印刷博覧会は、絵はがき会社にとっては格好の宣伝の場であり、そこでいかなる趣向を凝らしたディスプレイを行なうかは、売り上げにかかわる大事だった。この博覧会の記録を見ると、各社がどのようにディスプレイの方法を進化させていったかがある程度うかがえる。

たとえば一九〇四年の博覧会では二四の絵はがき会社の売店が並んだが、そのディスプレイは**図2**に見

図2　1904年にロンドンで催された印刷博覧会におけるコレクターズ出版社のスタンド。

るようにありふれたものであり、卓上に並べられたいくつかのディスプレイ装置をのぞけば、あとは壁や棚に絵はがきが貼り込まれているに過ぎない。

しかし、これが二年後、一九〇六年の博覧会になると、様相は一変する（図3）。たとえば図4のレヴェント社のディスプレイは、フレームとクリップを用い、一度に一八〇枚の絵はがきをあたかもバロック建築のごとく奥行きをつけて配置するものだった。写真を見る限り、絵はがき自体の配列もテーマ別にいかにも目を引きやすく工夫されている。レヴェント社は当時、ロンドン市内に直販のショウルームをオープ

図3　1906年のロンドン印刷博覧会。図2と比較して明らかに大型化し装飾が豪華になっている。

ンしており、ディスプレイにはとりわけ意識的な会社だった。

博覧会のためにディスプレイ用品を外注してしまう会社もあった。たとえばコレクターズ出版社のスタンドを写した写真（図3）では、看板にアールデコ調の豪華な装飾がほどこされ、床からそびえ立つように置かれた幾種類ものタワー型のディスプレイが目を引くが、これらの装置はすべてジェイズ社に委託された外注品だった（図5）。

ジェイズ社もまた、自社のショウルームを構えていた。一九〇六年の『絵はがきとコレクター』誌は、コレクターズ社にではなく、ジェイズ社に取材を試みているが、編集者は、「どんな小さな隙間も逃さず

図4　レヴェント社によるバロック的絵はがきディスプレイ。

図5　ジェイズ社製の絵はがき専用ディスプレイ用品（1906年）。

図6　1909年シアトルで行われたアラスカ・ユーコン太平洋博覧会絵はがき（部分）。博覧会では日本村が置かれ、各所に日光東照宮風の出店が置かれていた。写真に写された絵はがき屋にはタワー型ディスプレイが置かれ、柱にまでびっしりと絵はがきがディスプレイされている。

展示に役立てるその技術」に感嘆している。部屋の隅には三角型のホルダーを設置し、鏡と鏡の間に小さな棚をいくつも縦に並べるその手法は、単にディスプレイというよりはもはや収納術を兼ね備えたものと言えるかもしれない。

ジェイズ社はイギリスのみならずヨーロッパやアメリカで活躍した。それが可能になったのは、ひとつには万国郵便連盟の取り決めによって統一されていた絵はがきの大きさのおかげだろう。ディスプレイ製品の規格をひとつ作っておけば、世界各国で同じ縦横の大きさの絵はがきをディスプレイすることができる。こうした事情は、各ディスプレイ業者の海外進出を容易にしたに違いない。

そしてなにより、統一された大きさの紙という形式じたいが、ディスプレイの効果により本質的な効果を及ぼしたに違いない。縦横同じ大きさの紙が空間に配置するとき、ディスプレイはカードの魔の力を借りることになる。同じ形式のはがきが、それぞれ異なる絵を忍ばせている。それは同じ体の形式を持つ人間が、それぞれ異なる運命を持つのに似ている。

ディスプレイはカードの集配所であり、タロットの占い師のように、あるいはトランプのディーラーのように、人々の運命を分配する。そしてディスプレイの前に立つ者は、差し出された運命を選びとるように、一つの絵はがきを引き当てるのである。

ミカドとゲイシャの国

外国の絵はがき店に行くと、たいてい国別に絵はがきが仕分けしてあって、ちょっとしたコレクションを持っている店なら、日本の絵はがきも別に分類されている。これは必ずしも日本人向けの工夫ではない。

かつて日本で開催されたフィリップ・バロスによる日本絵はがきのコレクション展や、最近、公開されたボストン美術館所蔵のローダー・コレクションからもわかるとおり、海外にも日本絵はがきのコレクターが数多く存在する。日本絵はがきはコロタイプや石版印刷、ときには木版による精密な印刷の他、エンボス加工がほどこされているもの、水彩画や油絵、漆絵が描かれた肉筆ものなど、バラエティが豊富で、コレクションとして魅力的なのである。

ところで、店先で日本として分類された絵はがきを繰っていくと、中国をはじめ他の国々のものが混じっていることがよくある。絵はがきには国の名前が記されていないものが多いから、日本に暮らしていればすぐにわかりそうな風景の差も、知らぬ人には区別がつきにくいのだろう。

「他の国が混じってるね」というと、「じゃあ分けてくれない?」と頼まれる。こちらとしては、どうせ一枚一枚繰っていくのだし、分けたお礼に少しおまけしてもらえるというわけで、トランプカードよろしく木板の上に分類していくことになる(絵はがき屋では、それぞれの客がはがきを繰りやすいよう、小さな木板を

L'iris au Japon, c'est l'usage
De l'amour est le doux message.

1906年2月6日消印。団扇には傘をさした日本女性があたかも見本のごとく描かれている。手には日本のアヤメが抱えられている。

1904年新年、フランス・イスーダン消印の日中混合様式の絵はがき。髪型、衣服、茶器、背景の調度の組み合わせがおかしい。

渡してくれるところが多い)。

このような作業をしていると、分類に困る一群の絵はがきにしばしば出会う。

いずれも年代は一九世紀末から二〇世紀初頭、キモノ姿の人物が描かれたり写されたりしているのだが、それが明らかに西洋人なのである。さらに、背景を見るとそこにどうも西洋風の誤解が入り交じっていることが多い。ちょんまげの形のおかしいもの、着物の着こなしが明らかに間違っているもの、ジャポネスクともシノワズリともつかないものなど、その混乱ぶりは枚挙にいとまがない。こうなると、国別に分けるよりも、いっそ際物という新たな分類を作ったほうがよさそうである。

日本人コスプレ感覚

この、奇妙な一群の絵はがきはどのようにして生まれたのだろうか。

吉見俊哉『博覧会の政治学』(講談社学術文庫)に書かれているように、いわゆるジャポニズムの源流は、一八六七年のパリ万博や七三年のウィーン万博での日本の出展にあるといえるだろう。じっさい、一九世紀末の絵はがきやカードには、日本をはじめさまざまな人種の顔立ちを分類したものや、軍隊の制服を紹介するような、いわゆる人種博覧会的な内容のものが見られる。あるいは日本文化の影響を語るなら、明治期に大量にヨーロッパに流入した浮世絵の影響をはずすことはできないし、明治初期に日本を訪れた外国人によるさまざまな旅行記をあげることもできるだろう。

しかし、手元にある絵はがきからは、どうもそれだけでは説明できない違和感が漂ってくる。そしてその原因は、どうやら西洋人がキモノを着ていることにある。うっとりとポーズをとる女性の姿からは、異国の人々や事物を自分と異なる対象として持ち上げたり貶めたりするのではなく、いっそ対象そのものになってしまいたい、という感覚、いわばコスチュームプレイの感覚がひしひしと伝わってくるのである。

このような、西洋人による日本人コスプレ感覚は、どのような経緯で絵はがきに定着されることになったのだろうか。

まずは、例によってイギリスの絵はがき雑誌『絵はがきとコレクター』の記述を見てみよう。この雑誌で日本の絵はがきが本格的に取り上げられ始めたのは一九〇二年（明治三五年）三月のことで、「ニッポン、われらの新しい同盟国」と題された記事がそれにあたる。同じ年の一月三〇日に締結された日英同盟を受けて書かれた記事だが、政治にさほど関心のない絵はがきコレクターから見た日本のイメージが素直に表現されていておもしろい。

ほかの郵趣コレクターと同じく、われわれ絵はがきコレクターは政治には無知で、大英帝国と日本が同盟を締結したからといって何かいえるわけではない。けれどもこの日本国について、郵便趣味、旅行、そして芸術の点から少々記しておこうと思う。（中略）

日本はもっとも芸術的な人々であり、西洋芸術に大きな影響を与えてきた。その影響は舞台にまで見られ、日本の風変わりな衣装、そしてその色彩は、演劇好きを魅了してきた。少なくとも最近の三つの舞台、ミカド、ゲイシャ、サン・トイはちかごろの舞台の中でももっとも著名なものであり、とくに後者二つは、多才なる画家ラファエル・キルヒナーの築いたモチーフによってつとに有名になった。

このあと、書き手は日本の寺社や風景、茶店、ゲイシャ、ジンリキシャに触れてから「日本をあつかった絵はがきは世界でもっとも興味深いものである」と締めくくっている。

さて、この文章の背景を説明しておこう。

まず、ラファエル・キルヒナー（一八七六―一九一七）は、表現主義の画家エルンスト・ルードウィッヒ・キルヒナーとはまったく別人で、一九世紀末から二〇世紀初頭にかけて大量の絵はがきを描いた画家である（「キルヒナーの女たち」参照）。この文章ではゲイシャとサン・トイという二つのオペラの絵はがきを描いたことになっているが、じっさいにはミカドの絵はがきもシリーズ化されている。ウィーンからパリにわたったキルヒナーはアール・ヌーヴォー調を取り入れた数多くの絵はがきを出し、その画風はその後のイラストレーション絵はがきに大きな影響を及ぼした。

つぎに、この記事にあがっているコミック・オペラに注目してみよう。まず、最後にあがっている「サン・トイ」（一八九九）は、日本ではなく北京を舞台にした恋物語であり、登場する人物も明らかに中国人である。にもかかわらず、『絵はがきとコレクター』の書き手は、これを日本の話題として扱っている。有数のコレクターでさえ、日本と中国を混同したのだから、この時期、ヨーロッパで発行された絵はがきに日本と中国のイメージの混同がしばしば見られたとしても、不思議はないだろう。

扇のはためき

「絵はがきとコレクター」誌に記されているもうひとつのオペラ「ミカド」は、一九世紀末にコミック・オペラ界の売れっ子だった劇作家ウィリアム・ギルバートと作曲家アーサー・サリヴァンが一八八五年にサヴォイ劇場で上演したもので、日本文化を扱ったイギリスのコミック・オペラとしては最初のもの

ラファエル・キルヒナーの描いたオペラ「ミカド」の絵はがき「われら学校出たての三人娘」の場面。1902年2月5日イギリス・ニューキャッスル消印。

であった。(*)(**)

ギルバートが豊富な日本滞在経験を持っていたのかというとそうではない。それどころか彼は日本に行ったことすらなかった。

ギルバートが脚本と演出を考えるにあたってじっさいにヒントにしたのは、当時彼が住んでいたサウスケンジントンからほど近い場所にできた、ナイツブリッジの「日本人村」だった。ハンフリーホール内にしつらえられた「村」には茶屋や工芸店など日本のさまざまな店舗が配置され、じっさいに日本人の作業する様子を見ることができた。また、劇場では歌舞伎や撃剣などの各種演芸が上演された。見世物目的とはいえ、日本人が暮らす感覚を身近に味わうことのできるこの村は、すぐにロンドンで話題になった。

ギルバートは、イングランド風の身振りになれきったサヴォイ劇場のメンバーを日本人たちに引き合わせ、日本風の立ち振る舞い、とくに歩き方や扇の使い方、そして感情表現を学ばせた。衣装には日本からわざわざ取り寄せたキモノが使われた。サリヴァンは日本風の音階、ささやくような女性の笑いさざめき、歌舞伎風の低いうなり声を曲に取り入れ、それまでの作風を一新した。

しかし、それらは日本文化の正確な模写というよりも、彼らの東洋に対するイメージが大胆に組み合わされたものであった。

「ミカド」には日本と中国の混同がいたるところに見られる。登場する主要人物の名前は「ミカド」を除けば「ナンキ・プー」「プーバー」「カティシャー」といった、英国人の耳に聞こえる中国語風のことばに沿っているし、舞台となる「ティティプー」(秩父をもとにしていると思われる)も中国語風の発音になっている。

サリヴァンの作曲にも、中国風のものが混入している。当時の『ザ・マンスリー・ミュージカル・レコード』誌は公開時の一八八五年五月の記事に次のようなレヴューを載せている。

この作品には「野蛮（バーバリック）」なハーモニーが二カ所だけ使われている。ひとつは最初のコーラスで、これはシラー翻案ウェーバー作曲の「トゥーランドット」と同じペンタトニックで構成されており、むしろ中国音階というべきである。もうひとつはミカドを迎えるときに使われるコーラスで、この低くうやうやしくつぶやかれることばは、おそらく日本語だろう。

ちなみに「ミカドを迎えるときに使われるコーラス」とは「宮さん宮さん」であり、劇中では英語ではなく日本語で歌われる。

作中に見られるこうした混同は、日本文化を知るものからすれば誤解に満ちたものに見える。が、もともと「乱痴気騒ぎ（トプシー・ターヴィー）」と呼ばれ、取り澄ましたオペラを転覆させるようなギルバートの脚本と演出にとって、むしろこうした混同ぶりは歓迎すべきものだった。そして、その内容は、必ずしも日本や中国を劣等国として馬鹿にするものではなかった。

じっさい、観客は、西洋人のキモノ姿をただ笑ったのではなく、むしろキモノ姿で優雅に小股で歩くその姿に魅了された。三人の日本娘に扮した歌手が笑いを含みながら歌う「われら学校出たての三人娘」では、

パリ発行の「日本人」と記された絵はがき（未使用）。実際には西洋人がキモノを着こなしている

初演からアンコールが起こる人気だった。

「ミカド」で特に好評を博したのは扇の扱いだった。扇のゆるやかな動き、閉じ開きするはためきの音は演出や楽曲の中で用いられ、これが観客に強い印象を与えた。ギルバートはナイツブリッジの日本人をリハーサルに招き、この東洋的な不思議な道具を使ってどのように振る舞うべきかを役者たちに教え込んだのである。

「ミカド」は『絵はがきとコレクター』誌の記事が書かれた一九〇二年にも再演されており、当時の

『スタッフォードシャイア・センティネル』誌は、「ミカド」における扇の表現を次のように称えている。

劇のイメージは演奏者、コーラス隊、東洋風の優雅なドレス、たえず続くさざなみのような扇のきらめき、そして的確な背景、すべてが一幅の絵のように統一され魅力を放っていた。

おそらく、「ミカド」における印象的な扇の扱いは、その後、西洋人が日本人を真似るときの型として

衣料店「ア・ラ・プロヴィダンス」の宣伝用カード(1894年)。江戸手妻「蝶のたわむれ」を思わせる図。

定着したに違いない。というのも、海外で発売された絵はがきに登場する日本人風の西洋人は、その多くが大きな扇をこれみよがしにかざしているからだ。

『絵はがきとコレクター』に記されていたもう一つのオペラ「ゲイシャ」（一八九六）は「サン・トイ」（一八九九）と同じく、シドニー・ジョーンズ作曲によるコミック・オペラで、いずれも七〇〇回以上の連続公演を記録した。

「ゲイシャ」は、中国人の経営する日本茶店で働く芸者ミモサ、そして婚約者がありながら彼女を射止めんとするレジー、イマリ侯爵、そして彼女が思いを寄せるカタナといった登場人物が織りなす軽妙な恋物語である。固有名詞に、「カタナ」あるいは「イマリ」といった当時の日本文化を代表する名前がそのまま使われ、さらには日本のオジギを想起させるミモサ（オジギソウ）の名前が使われているところが興味深い。茶店、芸者、そして菊の花といった道具立ては、博覧会における日本茶店を想起させるもので、これらはすべて、当時の日本イメージの紋切り型といっていいだろう。

この「ゲイシャ」に、ひとつ重要なシーンがある。それは、ゲイシャに入れあげているレジーと復縁しようと、婚約者モリーがゲイシャに化けるくだりである。顔を見ればひと目でばれるはずのこの計略は、なぜかまんまと成功し、レジーはキモノ姿のモリーに苦もなくだまされる。このゲイシャに化けようとする西洋人のモチーフは、日本衣装を身にまとった俳優に魅了され、自分もキモノを着てみたいと感じる観客のひそやかな欲望をうまく突いている。つまり、この時点で、すでに西洋人の日本人コスプレ感覚は、舞台の脚本に埋め込まれていたのである。

「ミカド」にしても「ゲイシャ」にしても、基本的には楽天的なコミック・オペラである。そこに登場する日本人は、死刑執行という残忍な制度や恋のいさかいを機知によって切り抜け、笑いを伴いながらすべてを丸くおさめようとする。

おそらくはこうしたオペラの影響もあってだろう、一九世紀末のイギリスでは日本人の気質を表する表現として「ハッピー・ジャップ」「ジェントル・ジャパニーズ」という言い回しが広まった。

日露戦争と絵はがきブーム

コミック・オペラ絵はがき、あるいは一九〇〇年にロンドンやパリ公演を行った川上音二郎・貞奴の絵はがきなど、日本を題材にした絵はがきは二〇世紀初頭に徐々に広がりを見せていた。しかし、イギリスにおける日本絵はがきブームを決定づけたのは、一九〇四年（明治三七年）の日露戦争だった。

イギリスの同盟国でもある日本が開戦したことは、政治に無関心な絵はがきコレクターをも巻き込んだ。絵はがき誌には一斉に日露戦争の実況を扱った絵はがきの広告が載るようになった。

開戦直後に早々と各社の広告が打たれたところを見ると、どうやらこの流行は、半ば絵はがき会社の当て込んだものであったらしい。おそらく、各社は政局をにらみながら、日本絵はがきを発行するタイミングを虎視眈々と狙っていたのだろう。『絵はがきとコレクター』誌の三月号巻頭言には次のように書かれている。

極東のこのたびの戦争は、（ロシアを除けば）誰の目にも予測できたことだが、これは世界政治のみならず絵はがき界にとっても大きなできごとである。というのも、イギリスでこれほど大量の絵はがきが発行されたできごとはいまだかつてなかったからである。（中略）注目すべきは、ほとんどすべての絵はがきが日本もしくはその事物をあつかっており、ロシアをあつかったものがほとんどないことだ。

じつはこのときに売り出されたのは、単なる戦争絵はがきではなかった。当事国である日本を紹介すべく、日本の風俗風習を扱ったシリーズものの絵はがきが、大手絵はがき会社から続々と発行されたのである。つまり、各社は、単に戦争絵はがきの流行を当て込んだのではなく、この戦争をきっかけとした日本絵はがきの流行をもくろんだのであった。

そしてこのもくろみはまんまと当たった。たとえばヴァレンティン社から発行された六枚組の日本絵はがきは、発行後わずか一時間でロンドンの倉庫が空になるほどの人気を博した。開戦直後の三月、『絵はがきとコレクター』誌は、さまざまな日本絵はがきの中から、イギリスの代表的な絵はがき会社ラファエル・タック&サンズ社が戦争直後に発行した二枚の対照的な絵はがきを紹介している。

二枚とも「日本の生活」シリーズの中からとられたもので、一枚は、明治天皇の肖像画、すなわち「ミカド」を印刷したもの、そしてもう一枚はイギリスの小さな子供がキモノ姿で扇子をかざしているものである。後者の絵はがきには「われら楽しい娘 merry little maids are we」というタイトルが付けられている。これは明らかにオペラ「ミカド」の「われら学校出たての三人娘 three little maids from school are we」のもじりである。

「ハッピー・ジャップ」と呼ばれた「ミカド」の楽天的な虚構世界は、いまや日露戦争の主導者という現実の「ミカド」と結びついたのだった。

おとぎの国の黄昏

日露戦争後も、ロンドンではしばしば日本に関する展示が行なわれた。一九〇七年には、ロンドン郊外

ラファエル・タック&サンズ社が1904年に発行した「日本の生活」シリーズの一枚。明治天皇を描いた絵はがき

ラファエル・タック&サンズ社が1904年に発行した「日本の生活」シリーズから「われら楽しい娘」

のアールスコットで行なわれた「バルカン半島博覧会」に、なぜか日本村が出現した。橋爪紳也「人生は博覧会　日本ランカイ屋列伝」によれば、その内容は、「偽物の日本を再現する、安直なパノラマ館」であったらしい。村の周囲の壁に富士山や日光の風景を描いて遠景とし、村の中には日本家屋が二十二、三軒ほど建ててある。さらに村の中央には大鳥居と茶店があった。一九世紀末のナイツブリッジを彷彿とさせる内容である。

おもしろいことに、この日本村の芸妓は、日本人ではなかった。

職人や芸人は日本人であったにもかかわらず、なぜか芸妓に関しては、当局から日本人女性の雇用が許可されなかったのである。理由はともあれ、結果的に、この日本村には日本人コスプレをしたイギリス人女性が登場し、三味線を抱えていたことになる。日本風のイギリス女性という奇妙な組み合わせがこの時期に突然現われた取り合わせでないことは、すでにこの章で見てきた通りである。

さらに一九一〇年にはロンドンで日英博覧会が開かれ、ここでもまた、日本風の家屋が建ち並び、日本の人々が行き交う仮想空間が演出された。

これらの事例からすると、イギリス人にとって、日本の醸し出す異国情緒は、日露戦争のあとも、相変わらず魅力的であったかに見える。

しかし、いっぽうで、ゲイシャとミカドのいるおとぎの国ではない日本のイメージも、伝わりつつあった。

A Street Scene in Fair Japan, Japan-British Exhibition

日英博覧会絵はがき（1910年）。日本家屋の配置されたロンドンの仮想空間。

日露戦争のさなか、一九〇五年（明治三八年）三月の『絵はがきとコレクター』誌は、日露戦争における日本人の意外な一面を知らせている。

まさか絵はがきを軍需品として使うなどということは思いもつかないことだ。しかし、デイリープレス紙によれば、このような行為が日本人によって行なわれているらしい。かれらはロシアの前線に、最近のロシアの動向を知らせる手紙や、日本で暮らすロシア人捕虜の様子を写した絵はがきを送り込み、その良き暮らしぶりを見せて降伏をうながそうとしてきた。

これはただの風聞ではない。日露戦争期には、日本国内には八万人近いロシア俘虜が全国各地に収容されていた。そして大西二郎氏によれば、陸軍省は名古屋、静岡、松山の各地に収容されていた俘虜のために、慰問の絵はがきを支給していたのである(日本絵葉書会会報第一六号二〇〇六年)。たとえば「名古屋長榮寺収容所庭内ニ於テ俘虜団欒ノ光景」と題された絵はがきでは、寺内の和風庭園の中で、ある者は岩にすわり、あるものはゆったりと寝ころび、僧侶とともにくつろいだ姿が写し込まれている。日本語の題名以外に、英語とロシア語のキャプションが付けられているところから見て、これは単に国内向けに作られただけではなく、俘虜からの私的な通信を通じて、日本の状況をロシアに伝えようという意図のもとに作られたと考えられる。

絵はがきの動向に関心を寄せる『絵はがきとコレクター』誌の編集者は、日露戦争期のこの些細なエピソードを見逃さなかった。そして、ミカドの率いる日本が、じつは、油断ならない策略を講じる国であることをほのめかしたのである。

(＊)コミック・オペラ「ミカド」の誕生とギルバート/サリヴァンの関係を扱った映画に、マイク・リー監督『トプシー・ターヴィー』(一九九九)があり、この中で当時の上演ぶりが再現されている。

(＊＊)「ミカド」に関するレヴューや文献についてGilbert and Sullivan Archive, http:// math.boisestate.edu/gas/index.html を参照した。

カール・ルイスの手紙

例によって二〇世紀初頭のイギリスの雑誌『絵はがきとコレクター』を繰っていくうちに、一人の名前が気になりだした。カール・ルイス。オリンピックの金メダリストと同名だが、時代からして関係はあるまい。その名前は、各号の最後に掲載されている小さな広告文に記されている。

日本。美しく彩色された日本の風景その他コロタイプ絵はがき、住所にかかわらず三ペンスにて記念印付きで発送します。六枚入りは一シリング、ダースで一シリング六ペンス、彩色写真（裏紙なし）は各七ペンス。カタログ希望の方は切手二枚を。各国切手受け付けます。カール・ルイス。写真師。日本国横浜本村通り 136D。

この広告が最初に現われるのは、一九〇三年（明治三六年）、日本で私製絵はがきが許可されてわずか三年めのことである。ほとんどがロンドンやその近郊の会社の広告で埋められたページの中にあって「YOKOHAMA, JAPAN」という住所を持つその広告は、ひときわ目立っている。この後、日露戦争による日本絵はがきブームに乗じていくつかの日本絵はがき広告が加わるが、戦前戦後を通じて掲載され続け

JAPAN.

Beautifully-coloured collotype post-cards of Japanese Scenes, &c., will be stamped and mailed to any address for 3d. each; or a packet of six mailed for 1s., one dozen, 1s. 6d. Coloured photographs (unmounted) mailed for 7d. each. Send two stamps for catalogue. Stamps of any nationality accepted.

KARL LEWIS, Photographer,
136D, HONMURA RD., YOKOHAMA, JAPAN.

カール・ルイスが『絵はがきとコレクター』誌に出した広告。

たのは、カール・ルイスのものだけである。

この広告からは、いくつか当時の絵はがき事情をうかがい知ることができる。

まず興味深いのは、日本発の日本絵はがきが早くもイギリス向けに発売されており、それが「美しく彩色された日本の風景その他コロタイプ」という形式であったということだ。

日本の風景風俗を写した写真は、明治期に入って居留地で土産用に盛んに売り買いされるようになり、「横浜写真」と呼ばれるようになった。最初の頃は、プリントされた写真に裏紙を貼ったものやアルバムに貼り込んだものが売り買いされていたが、明治二〇年代に入るとコロタイプ印刷を用いた彩色写真集を多数発行するようになった。つまり、この広告文にある「美しく彩色された日本の風景その他コロタイプ絵はがき」とは、旧来の横浜写真が写真集の形式を経て、新たに絵はがきの形をまとってイギリスへと発信されたものだということになる。

もうひとつおもしろいのは「記念印付きで」とされている点だ。カール・ルイスは、単に絵はがきを単独で送るのではなく、そこになんらかの記念印を押した上で、何枚かをまとめて発送しているのである。これはいったいどのような形態だったのだろうか。

それをうかがい知る手がかりを、同じ『絵はがきとコレクター』誌から読み取ることができる。おもしろいことに、カール・ルイスの名前は広告のみならず、『絵はがきとコレクター』誌の巻頭言やコラムにしばしば登場する。どうやら、彼は編集長のE・W・リチャードソン宛に、ただの広告掲載依頼だけでなく、さまざまな手紙や絵はがきを送っていたらしい。そしてこうした手紙の内容が、そのつど誌面で紹介されているのである。

その中に、記念印の付いた絵はがきの話も登場する。

わたしの良き友人、ヨコハマのカール・ルイス氏が、日本を象徴するとてもすてきな風景絵はがきを送ってくれた。富士山を遠くから望む景色だ。この絵はがきにはさらに興味深い点がある。はがきに大きな丸い記念印が押してあるのだ。その巨大な濃い紅色の印の神秘的な文字は、聖なる頂上で何日も修行を積んだ僧によって刻印されたものだという。富士山登頂の証となるこの絵はがきは、絵はがきコレクターにとっては得難い宝物であることは間違いない。

（一九〇五年一月号）

富士山の絵はがきに富士山の記念印。おそらく、カール・ルイスは、この記念印を得るために実際に富士山に登り、何枚かの絵はがきに記念印を押して持ち帰ったのであろう。この例から、カール・ルイスの広告にある「記念印」は単なる日本の通信印ではなく、どうやら絵はがきの内容にちなんだものだったらしいことがうかがい知れる。

絵はがきを受け取った者は、単に異国の風景を珍しく眺めるのではない。記念印はいま自分の手に取っている絵はがきがそこに写し出されている山の頂上に確かにあったこと、そして、そこに登った人の手によって投函されたことを指し示す。風景に刻まれたインクの軌跡は、登頂の痕跡なのだ。

絵はがきをただ発行するだけでなく、そこに押される印に行為の痕跡をつけること。カール・ルイスのこのこだわりは、後に別の形で発揮されることになる。

カール・ルイス発ロンドン行き

一九〇二年に日英同盟が締結されたとはいえ、当時のイギリスにとって日本はまだまだ辺境の国であった。ましてその国で絵はがきがどのように流通しているかなど、想像の彼方だった。一九〇四年に始まった日露戦争は、「ミカドと芸者の国」に記した通り、イギリスで空前の日本絵はがきブームをもたらしたものの、このブームは日本製の絵はがきによるものではなく、イギリスの絵はがき会社各社が発行した日本を題材とする風俗絵はがきによるものだった。カール・ルイスのように、日本からの生の声を絵はがきや手紙によって届ける者は、当時珍しかったのである。

たとえば編集長は、カールの手紙を通して、遠い小さな同盟国に、イギリスに劣らぬほどの絵はがきブームが到来していることを知って驚く。

（カールの絵はがきに）添えられた手紙から、日本の絵はがき熱は西洋に劣らぬものであることを知った。絵はがきを発行した日本政府は、発売日の八時に絵はがきを売り出すとの告知を出した。そこでルイス氏が七時五五分に到着してみると、なんと事情に通じた東洋人たちが彼の前に列をなし、すべて買い尽くしてしまったのだという。このことさえなければ、わたしのコレクションは初版によってさらに充実しただろうに。ともあれ、このような国から絵はがき一セットを手に入れることができてほんとうにうれしい。

（一九〇五年一月号）

日露戦争は、当事者である日本にも一大絵はがきブームをもたらした。そのきっかけは、開戦年から繰り返し発行された日露戦役記念絵はがきだった。カール・ルイスが目撃したのも、日付から考えて第一回もしくは第二回の戦役記念絵はがき発売の熱狂だったのだろう。

一九〇五年の九月に発表された各国の年間絵はがき消費量を見ると、日本における絵はがきの年間流通量は四億枚を超え、アメリカを凌ぎ、同じく絵はがきブームに沸くイギリスに迫る勢いだった。こうした日本の絵はがきブームの最初の動向を、英国のコレクターたちはカール・ルイスの手紙によっていちはや

カール・ルイスの発行したコラージュ絵はがき。「次はいつ会いましょう？」と題されている。上の女性は明治期の絵はがきにしばしば登場する「時松」で、カールの米国カタログには彼女の絵はがきがいくつも挙がっている。

カール・ルイスの署名入り絵はがき(1907年消印)。戦艦や和船は船員出身のカールの好んだ題材のひとつ。

くキャッチしていたのである。

カール・ルイスと初日カバー

試しに手元の絵はがきを繰ってみると、カール・ルイス製のものがいくつか見つかった。またネットオークションでも船舶を扱ったものを中心に多くのルイス製絵はがきが見つかる。

横浜に住み、日本の風土を愛し、日本の絵はがきを多数発行しているこの興味深い人物について、もう少し知りたいと思い、何人かの絵はがき愛好家に尋ねてみたものの、しばらくの間これといった手がかりは得られなかった。ところが、近所の寄り合いでたまたま知り合った郵趣コレクターの方から、他の話の最中に突然カール・ルイスという名前が出て驚いた。

記念切手の発行に合わせて、図案（日本では「カシェ」と呼ばれる）入りの封筒（カバー）を作り、そこに記念切手を貼り、発行日（初日）のスタンプを押す。これを「初日カバー」という。封筒に描かれた図案、切手、そして日付と、記念の魔力が三拍子そろった初日カバーは、一九二〇年代後半からアメリカを中心に愛好されるようになった。そして、彩色絵をほどこした本格的な初日カバーを日本で最初に発行したのが、カール・ルイスその人だったのである。

すでに記したように、カール・ルイスは一九〇〇年代から、すでに絵はがきの発行を通じて、図像と切手と日付の組み合わせにこだわった販売を行なっていた。彼が後年になって初日カバーの流行に反応したのはごく自然な成り行きだったのだろう。

彼は、切手の初日カバー以外にも、さまざまな方法で発行日とカバーの絵とを組み合わせている。そして、その題材は絵はがき発行時代のものを引き継いでいた。すなわち船舶、そして富士山である。

絵付きのカバーに船内郵便の通信印を押したものを「船舶カバー」と呼ぶ。カール・ルイスは、平安丸、氷川丸、浅間丸、といった太平洋を横断する船舶の通信印入りカバーを幾種類も作っている。横浜は寄港船とコンタクトをとるのにもっとも適した場所であり、おそらく彼はこの地の利を生かしたのであろう。

さらに彼は、こうした船舶が日本発であることを示すために、しばしば富士山と、そのそばを航行する船を描いた絵をカバーとして用いた。また、船舶カバーとは別に富士山の登頂記念印が押されたカバーも多数発行している。富士山に対する愛着は、絵はがきからカバーへと対象が変わっても、消えることはなかったのである。

もうひとつ、彼が作ったカバーとしてユニークなものに、当時の日本の占領地やその他海外から送られたカバーがある。台北、平壌、あるいはヤップ島など南方の島々の風景をエキゾチックに描き、その地での通信印を押したものがこれにあたる。

カール・ルイスの発行したカバーのカシェは、いずれも水彩画で一枚一枚描かれたもので、その美しさもあって現在ではコレクターズ・アイテムとなっている。絵はがきにばかり注意を向けていた私は、郵趣界で有名な彼のことをうかつにも知らなかったのである。

カール・ルイスの絵はがき時代

日本からいち早くイギリスに日本の絵はがきと日本事情を発信し、アメリカに数々の初日カバーを送り続けたカール・ルイスとは、どのような人物だったのだろうか。

カール・ルイスは、かつて『絵はがきとコレクター』誌に送ったのと同じように、自分の身辺雑記を長い手紙にしたためて、初日カバーとともに各所に送っている。澤まもる氏、そして初日カバーのコレクターであるウィリアム・M・コリエー氏をはじめ、彼の絵はがきや手紙の収集家の手によって、こうした手紙は読み解かれ、彼の人生が次第に明らかになりつつある。(*)(**) また、筆者自身、最近、カール・ルイスの縁者の方にお会いする機会があり、遺品を拝見し、生前の彼についてさまざまな話を伺うことができた。以下では、これらの内容に基づきながら、時間の流れに沿って彼の人生を追っていこう。

カール・ルイスは一八六五年九月一〇日にケンタッキーで生まれた。一〇歳のときに父親とともにサンフランシスコに移住し、このとき初めて海に出る体験をした。やがて彼は一三歳の若さで船乗りとなり、中南米、オーストラリアなど各地を転々とするようになる。カールの遺品には、リオ・デ・ジャネイロを訪れた写真や、チリのものと思われる風景写真が残っている。後に写真館を開くことから考えて、船乗りとして生活するうちになんらかの経緯で写真術を学んだものと思われる。また、絵はがきやカバーに見られる船舶への愛着はこうした経歴と関係しているのだろう。

一九〇一年、日本に寄港したカール・ルイスは、船を下り、絵はがき商として身を立てることを決意したらしい。翌一九〇二年に彼が神戸の知人から受け取った賀状の宛先は、「横浜市四十番館ライツホテル内カアルルイス様」となっており、この時点では、まだホテル暮らしだったことがわかる。

そして、一九〇三年（明治三六年）、『絵はがきとコレクター』誌からわかるように、彼は絵はがきの売り込み先のひとつとしてイギリスを選び、外国向けの日本風景風俗絵はがきを多数発行するようになる。また、広告文の住所から、彼の店は旧居留地内の横浜本村通り136D（現在の中華街付近）にあったことがわかる。

この年の八月、カールは郊外の上大岡に居を構え、日本人の妻貞子を迎えた。小高い丘の中腹に建つ上

KARL LEWIS
K
YOKOHAMA.

前図（1907年消印）の裏、切手欄に描かれたカール・ルイスのトレード・マーク。

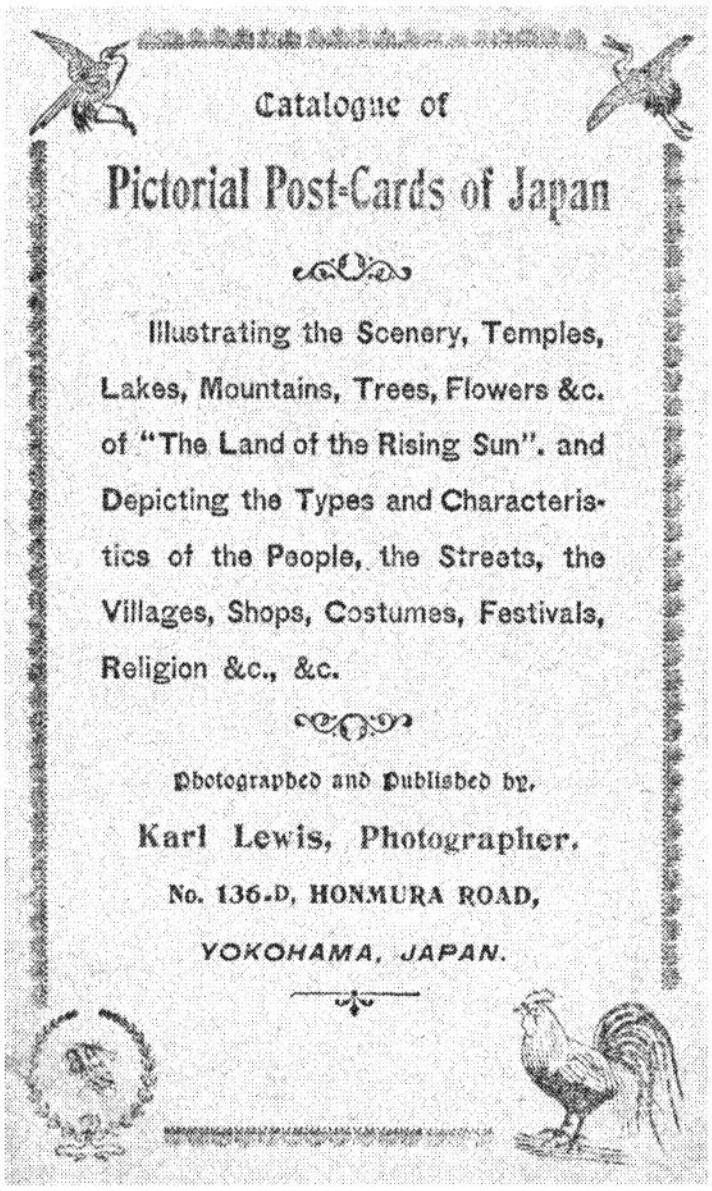

Catalogue of
Pictorial Post-Cards of Japan

Illustrating the Scenery, Temples, Lakes, Mountains, Trees, Flowers &c. of "The Land of the Rising Sun". and Depicting the Types and Characteristics of the People, the Streets, the Villages, Shops, Costumes, Festivals, Religion &c., &c.

Photographed and Published by,
Karl Lewis, Photographer,
No. 136-D, HONMURA ROAD,
YOKOHAMA, JAPAN.

カール・ルイスが発行した米国向け「日本の絵はがきカタログ」。

大岡の家は眺めがよく、家の前の通りからは、彼の好きな富士山を眺めることができた。

彼はイギリスだけでなく、アメリカに向けても絵はがきの宣伝をしており、一九〇五年（明治三八年）には三四頁に渡る米国用カタログを発行している。そこには千種類を超える膨大な絵はがきのタイトルがリストされているのだが、中には「日露戦争」のように、彼自身が撮影したとはまず考えられないものも含まれている。おそらく既存の絵はがきや写真の流用もリストの中に入っていると思われる。カタログには、他にも興味深い広告が載っている。「写真、スケッチ、絵をお送りいただければ」それを元にエレガントに彩色された絵はがきを一〇〇枚製造する、というのである。つまり、特注絵はがきの広告である。カールは何人か日本人の絵師や彩色師を雇っており、こうした者たちに日本風の風景を描かせたものと思われる。

絵はがき商として彼がどの程度成功したかを知るのは難しい。少なくとも彼の広告は『絵はがきとコレクター』の終刊号である一九〇七年八・九月合併号（明治四〇年）まで掲載され続けており、この時点では海外に絵はがきを発行し続けていたことがわかる。

しかし、絵はがきの流行とともに業界にはいくつかの変化が起こりつつあった。

そのひとつはライバル社の出現である。横浜では上田義三商会、トンボ屋、星野屋、あるいは上方屋支店など、いくつもの国内・海外向けの絵はがき屋が競合するようになっていた。

さらにこの頃から絵はがき熱は次第に下降し、絵はがきの質じたいも変化し始めていた。『絵はがきとコレクター』誌の終刊からもうかがえるように、イギリスの絵はがき熱は次第に下降線をたどり始めていたし、国内の需要も、日露戦争直後ほどにはもはや上がらず、「もう絵葉書熱は冷めた」(読売・明治四三年五月一五日)といった記事が新聞に載るようになっていた。

大正期に入ると、網点印刷を用いた大量印刷による安価な絵はがき製造が盛んになり、さらに三色印刷の登場によって、かつてのコロタイプや石版印刷、そして手彩色を用いた美しい絵はがきは次第に数を減らしていった。これらの事情から考えて、手彩色と記念印を売りとするカール・ルイスの絵はがき業は次第に行き詰まっていったと考えられる。

大正期になるとカールは絵はがき商を辞め、職を転々としている。(*)一九一三年、横浜で最初にできたローラースケートリンクの支配人となっており、さらに一九一六年にはロールス・ロイスやフォードなどの外国車の代理店であったセール・フレーザー社に転職している。一九二二年にフォードが独自の代理店を運営するようになると、そちらに移り、以後、五十代から六十代にかけてこの自動車会社に勤め続けた。

初日カバー時代

会社勤めをしながら、切手の販売や分譲などを細々と行なっていたカールが、初日カバーという新たなジャンルと出会い、本格的に郵趣の世界に戻ってくるのは、一九三三年(昭和八年)ごろのことである。会社を退職したカールは、個人で買い込んだコロナ製のタイプライターで長い手紙をしたため、手彩色のほどこされたカバーに次々と宛先をタイプしていくようになった。

晩年のカール・ルイスと暮らした笹子和子さんは、このタイプライターのことをうっすら覚えていると

横浜の自宅でくつろぐカール・ルイスと妻の貞子。長い白髭をたくわえた独特の姿は、近所の人々からも慕われた（笹子和子氏提供）。

いう。子供の和子さんは、朝、起き抜けにカールおじいさんのベッドルームに行ってだっこしてもらい、大きな耳たぶを触るのが楽しみだったが、すでにタイプライターを打ち始めているときは「今日はだめだ」といわれ、しょんぼりと帰ったのだそうだ。

人気を博した初日カバーだが、時局と彼の健康の変化は次第に商売に影を落とすようになる。一九三七年（昭和一二年）には、外国郵便の料金が倍になった。一九三九年には心臓発作に見舞われ、この頃から多くの仕事をこなすことは難しくなっていった。さらに翌年、長年連れ添った妻の貞子が三七歳の若さで病死した。一九四一年二月二四日、コレクターに宛てた手紙の中で、彼は「妻の死のショックでだいぶ病状が後退してしまいました」と書いている(***)。

アメリカと日本の関係はますます悪化するばかりで、横浜のアメリカ領事館は、横浜に居留するすべてのアメリカ人に帰国勧告を手紙で通達した。が、カールは

カール・ルイスの記念カバー。富士山の描かれた封書の上に、登頂記念の記念スタンプ（昭和8年8月4日）が押されている。

ヤップ島発（昭和10年5月22日）横浜消印（6月13日）、藤村の「椰子の実」を思わせるカバー。カールは当時、日本の占領地からのカバーを多数作ったが、次第に緊張する時局の中でこうしたカバーを作り続けることは、彼の立場を危うくしたと思われる。

日本にあえてとどまり続けた。その心境を、彼は同じ手紙で次のように綴っている。

私は四五年も日本にいて、親戚こそいませんが、何人かの友人がいますので、ここに残るつもりです。老いたる木は移植することが出来ません。私の最後の時がくるまで、私はここにいることでしょう。

しかしその彼にさらに追い打ちをかける事件が起こった。一九四一年（昭和一六年）の真珠湾攻撃に伴い、横浜にとどまっているイギリス人やアメリカ人の一斉検挙が行なわれたのである。

このとき検挙された人々の多くは箱根の捕虜収容所に連行されたが、縁者の人々の努力もあって、カールは幸い収容所には行かず、数日のうちに釈放され自宅に帰ることとなった。長年、日本に親しみ続け、富士山を愛したカールにとってこの事件は大きな衝撃であったに違いない。釈放されはしたものの、彼はアメリカ人であるために家に軟禁状態となり、その後健康を害して、一九四二年五月一九日に病死した。七六歳。最期まで日本で暮した彼の墓は、上大岡の真光寺にある。

かつて絵はがき商を営んでいた頃、カールはロンドンの『絵はがきとコレクター』編集長に宛てた手紙の中で、自身の未来について触れている。あるいはカールが迎えることができたかもしれない、もう一つの人生のことを記念して、この章を閉じておくことにしよう。

おそらく、あなたがいまの仕事を引退したら世界を旅して、この「美しき日本」を訪れることになるでしょう。そのときわたしはこの国で暮らしているでしょうか。いやきっと暮らしていることでしょう。というのも知れば知るほどに日本を好きになってくるのです。あなたも早く来られますように。

（『絵はがきとコレクター』一九〇七年）

（＊）澤まもる「再びカール・ルイスのこと」『スタンプレーダー』一九八七年四月号、七六―八三頁。

（＊＊）最新の情報によるカール・ルイスの生涯については、The International Society for Japanese Philately, Inc. (ISJP) の以下のページに詳しい記述がある。"Legendary Karl Lewis" http://www.japan-japan.com/lewispage3.htm

（＊＊＊）井上和幸「日本からのティン・キャン・メール」『郵趣』一九九九年九月号、二七―三一頁。なお、この文献には島と島のあいだを泳ぐ郵便夫によって缶に入れて配達された「ティン・キャン・メール」とカール・ルイスとの関わりが記されている。

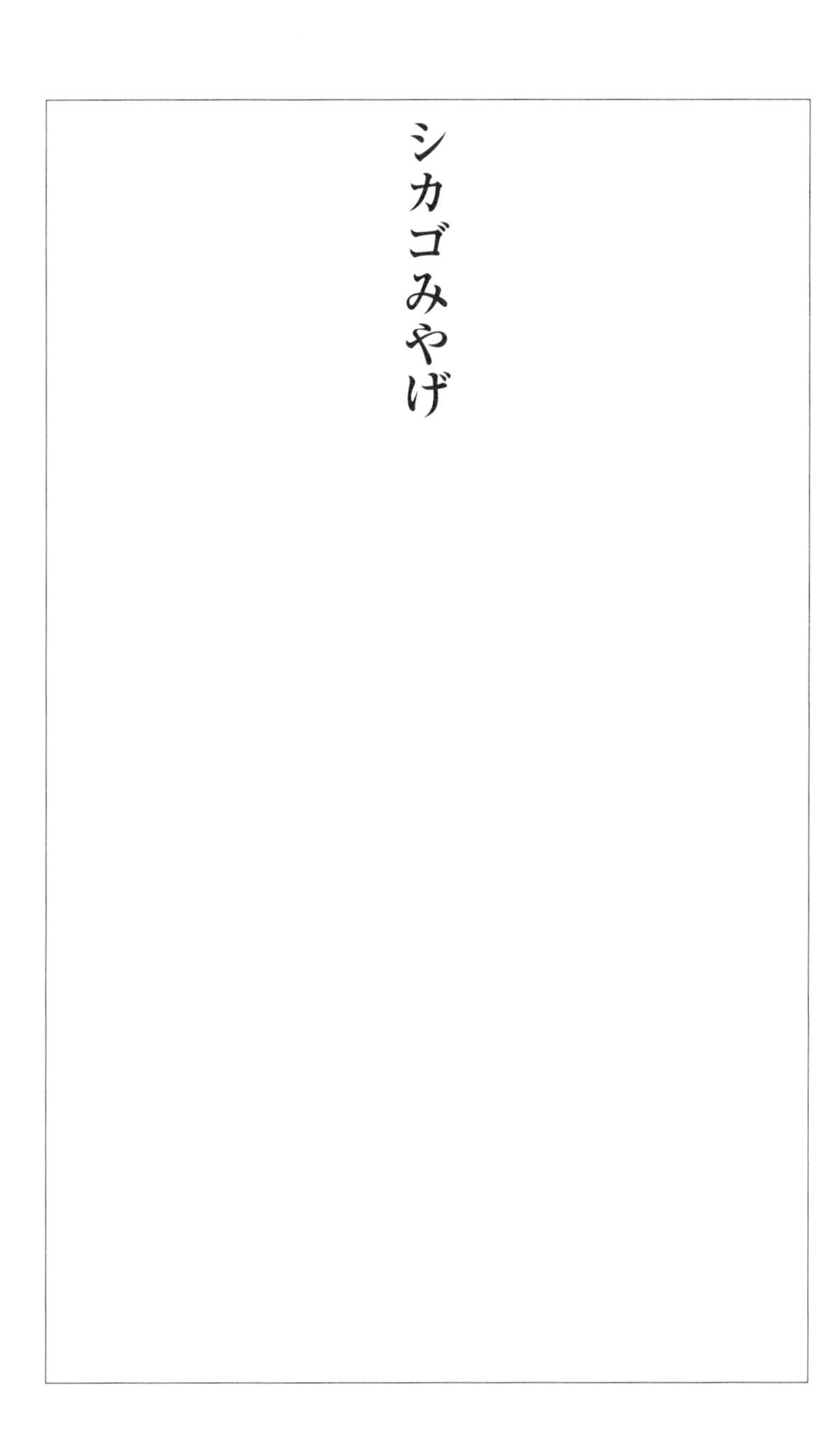

シカゴみやげ

「ここには八月と冬しかない」とシカゴの友人は言った。

それは冗談にしても、二月のシカゴが凍てつく寒さであることには違いなかった。

シカゴ大学の古い建築物をあちこち見て回る間に、早くも日が暮れて、あたりにはもう人の気配もない。大学の南に公園とも広場ともつかない茫漠とした空き地があって、バス停はそのすぐそばにあるのだが、どうやら街の中心部まで帰る便までは間がありそうだ。

向こうに古ぼけた高架鉄道が見えるので、雪を踏みしめながら、空き地を縦に歩いていく。これといった拠り所のない、ただ雪が敷き詰められただけの領域だ。雪にずぼずぼとめり込む膝をいちいち抜くうちに、こんなところに長居は無用と、かえって早足になる。ようやく高架下にたどりつくと、うっかり見逃しそうなくらい壁になじんだ入口があり、ほんとうにこれが鉄道の駅なのかと思って暗い階段を上ろうとすると、さきほど出た電車から降りてきたらしい男がすれ違いざまに、「もう電車はないよ」と声をかけてくる。まだ宵の口だというのに。

高架を反対側に抜けると、風が容赦なく吹き付けてくる。大通りに頻繁に車が往来して、こちらのバス停では数人の客が身を縮めている。みんなここから脱出したがっているのだ。大通りの向こうは点々と

1893年、世界コロンブス記念博覧会（シカゴ万博）会場を観覧車から見下ろしたところ。手前から縦に伸びる道路沿いが「ミッドウェイ・プレザンス」と呼ばれる第二会場。画面上部、二番目の高架の向こうが第一会場の「ジャクソン・パーク」。

木々の生えただけの殺風景な公園、さらに向こうはもうミシガン湖だ。凍った湖面を渡ってくる風は、コートの下に貯め込んだ体温をみるみる奪っていく。

街中に向かうらしい一台に飛び乗って座席につくと、向かいの席で一人のアフロ・アメリカンの女性が、ヘッドホンから流れる音楽に合わせているのか、目をつぶったまま夢見るようにハミングをしている。隣の老女が「彼女、ほんとうに気持ちよさそうね」と耳元に声をかけてくる。その声で、ようやく体温が戻ってくる気がする。

窓の外には、不思議なほど、何もない。ここから高層ビルの建ち並ぶループまでは、車で二〇分はかかる。

もう一度、窓越しに高架の向こうを眺めてみる。そこには冬空の暗がりが広がっているばかりで、街中に比べると、まるで打つ手もなく放り出された体だ。しかし、一九世紀末、そこには見上げるばかりの大きさのフェリス観覧車が回転しており、その手前で大気球が上がり、小さな上映館ではマイブリッジが馬の写真を走らせていた。そして反対側の窓の外、湖岸に広がる殺風景な公園には、白色で統一された巨大なパヴィリオンの居並ぶ、一大万博会場が広がっていたはずなのだ。

万博からの挨拶

手元に一枚の絵はがきがある。宛先はニュージャージー州ヴァインランド、通信印は一八九三年七月二六日、季節は夏である。

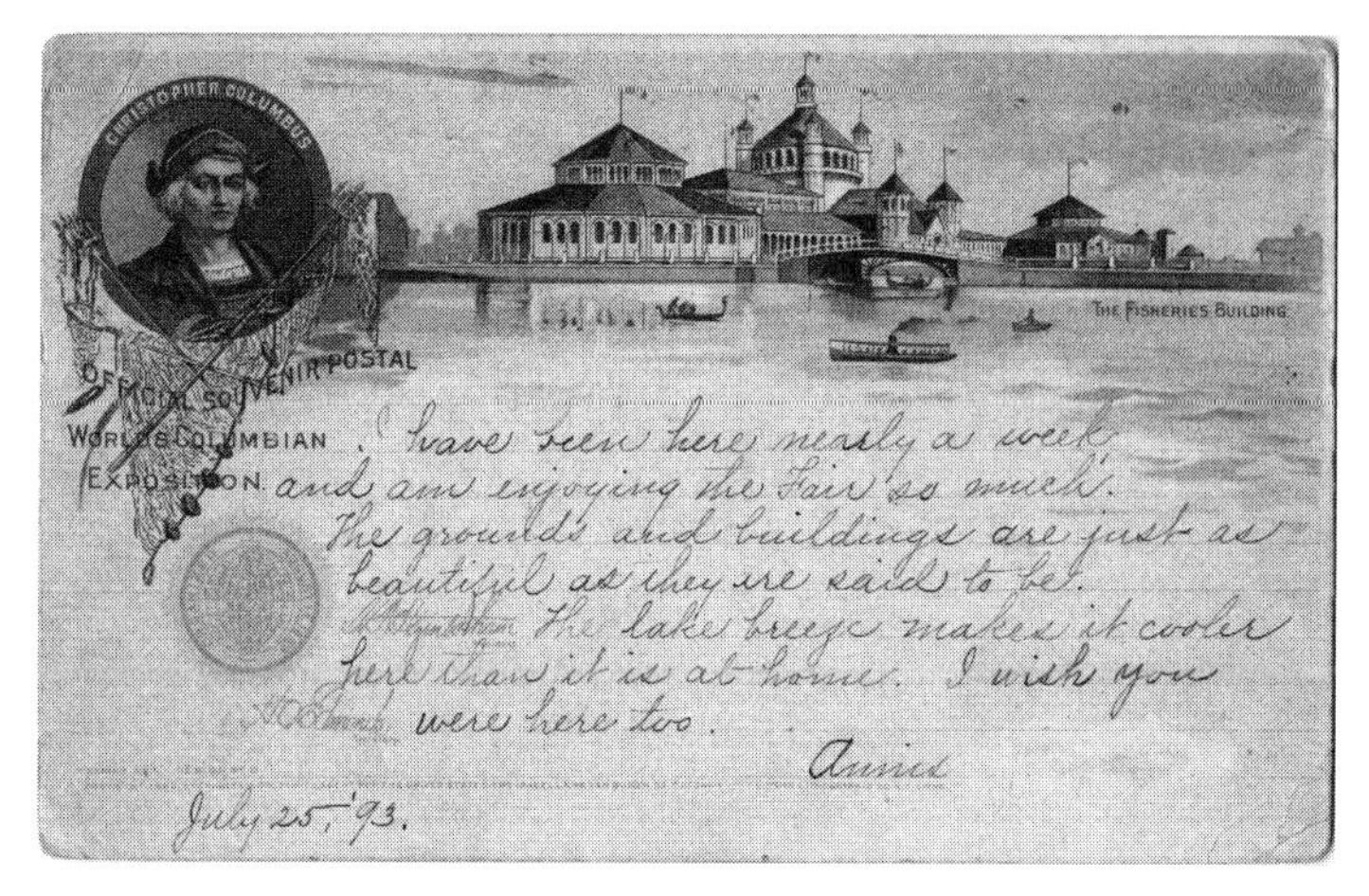

1893年７月26日シカゴ発ニュージャージー州ヴァインランド宛のシカゴ万博絵はがき。アメリカで最初に発行されたシリーズ絵はがきの一つ。漁業館が描かれている。

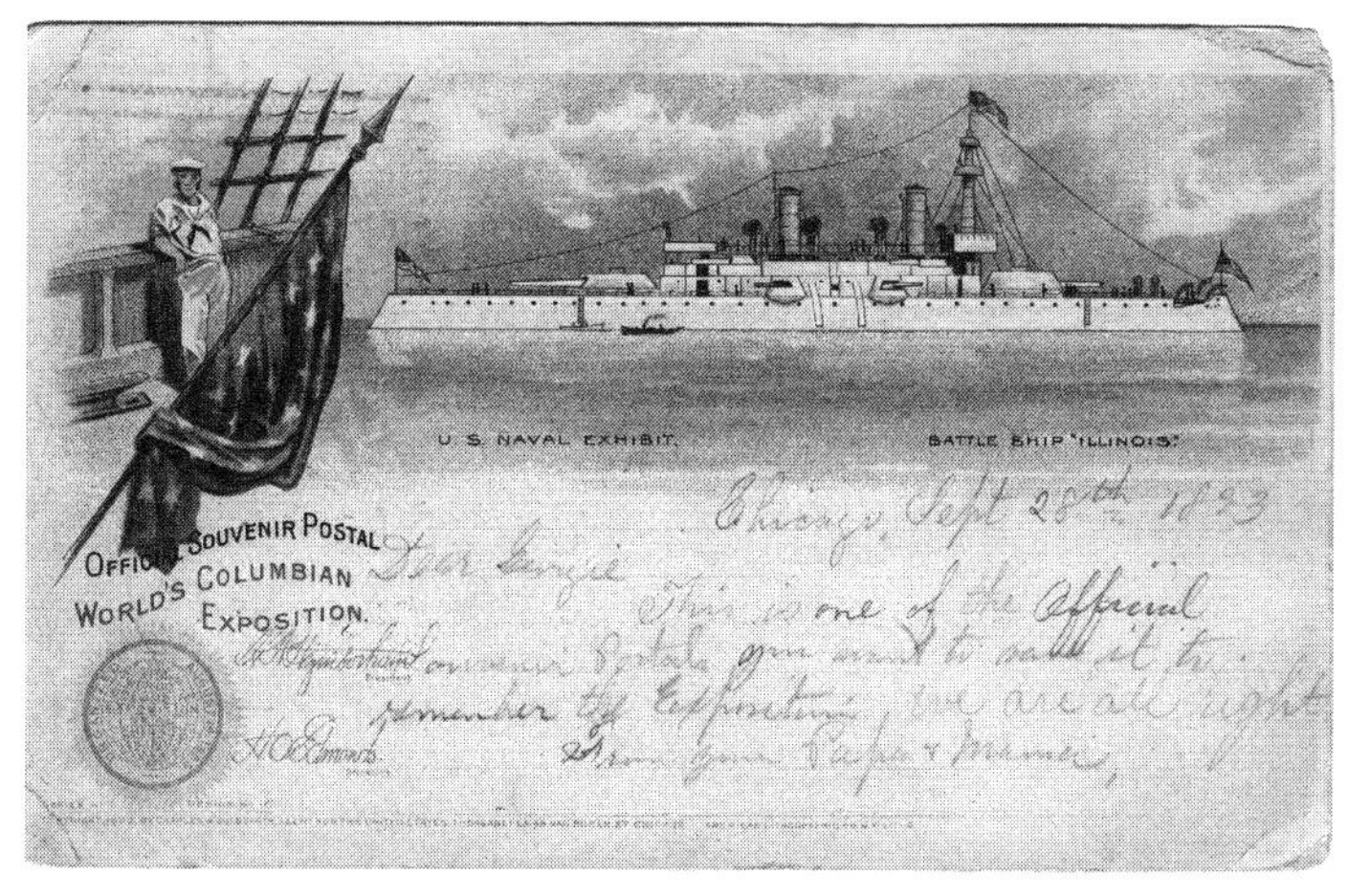

1893年９月28日付けのシカゴ万博絵はがき。「これはオフィシャルのみやげ絵はがきの一枚だから、博覧会の記念にとっておくとよいです。こちらは元気でやってます。パパとママより」とある。

裏返すと、絵は石版刷りだ。左側にはコロンブスの肖像、その下には「世界コロンブス記念博覧会」の文字、漁業館と題されたパヴィリオンが水上にその影を落とし、涼しげな池の上に客船やボートが行き来している。当時、宛先の面に通信文を書くことは禁じられていたため、絵の下には余白がもうけてあり、便りはそこに書きこまれている。

「こちらに来て一週間近く、万博をとても楽しんでます。敷地も建物も噂通り美しく、湖からの風のおかげで家よりも涼しく感じます。あなたもここにいればよかったのに」

当時、ニュージャージーからシカゴまでは、鉄道で来るだけでも一日がかり、それを一日や二日でそそくさと帰るわけにはいかない。「一週間近く」の万博見物は当たり前のご時世だった。

それに、会場の規模が途方もなかった。第一会場のジャクソン・パークは、ミシガン湖畔の広大な敷地で、そこには建物の端から端まで歩くだけでもくたびれそうな巨大なパヴィリオンが立ち並び、さらに隣接する第二会場ミッドウェイ・プレザンスには、大観覧車に大気球、そしてバッファロー・ビルのショーなど、さまざまなアトラクションが連なっていた。とても短期間で見物できるものではなかった。長逗留の来場客をあてこんで、シカゴ市内には万博前からあちこちにホテルが新設されていた。

ところで当時、絵はがきを送るという風習は、アメリカで一般的だったわけではない。じつはシカゴから差し立てられたこの絵はがきは、アメリカで最初に発行されたシリーズの一枚なのである。

アメリカにおける絵はがきの始まり

アメリカに郵便はがきが正式に導入されるのは南北戦争後、一八七三年のことである(それまでにも一八六一年に、フィラデルフィアのチャールトンとリップマンが「リップマン郵便カード」なる私製のカードを発行しているが、この試みは一時的なものにとどまった)。

官製はがきが発行されると、商売熱心な経営者は、官製はがきを買い込んで、そこに自社広告を刷り込んで発送するようになった。広い意味で言えば、これがアメリカでの絵はがきの始まりということになるだろう。

しかし、絵はがきが既成品として初めて販売されたのは、ずっと後のことだ。一八九三年、シカゴで開かれた万国博覧会の公式記念絵はがきがそれである。

なぜこのタイミングで、アメリカの官製絵はがきが作られたのか。おそらくきっかけのひとつは、エッフェル塔絵はがき(「あらかじめ失われる旅」参照)である。一八八九年、パリで開かれた万国博は、ちょうどシカゴ万博の直前にあたる。そこでは、エッフェル塔の中から絵はがきを投函する企画が話題を呼んだ。当然、シカゴでも、絵はがきの企画を取り上げない手はなかった。

当時、シカゴ市民がパリ万博に対して燃やしたライバル意識には、想像を絶するものがある。

その頃、万博は国と都市の威信をかけたイベントであった。一八九〇年代、アメリカはまだ南北戦争の傷跡も癒えず、先進国ヨーロッパに必死で追いつこうとしているところだった。前年にパリで行なわれた万博ではエッフェル塔が立ち、世界の建築界を驚かせたところだった。もしアメリカが次の万博を開くのなら、このエッフェル塔を凌駕し、きらびやかなパリ博を凌駕するとんでもない博覧会を開く必要があった。

さらにそこには、アメリカの威信のみならず、シカゴの威信もかかっていた。

一八七一年の大火以後、シカゴにはかつてない建築ブームが到来した。仕事を求めて集まる人々によって人口は膨れあがり、急成長を遂げたシカゴはアメリカ中西部を代表する都市となっていた。しかし、人口の急増は同時に、都市計画の未熟さをあらわにした。不十分な上下水道設計のおかげで、シカゴの川は雨のたびに逆流し、ゴミは路上に投げ捨てられていた。いまだ電灯の普及していない街にはあちこちに暗がりがあり、人々の希望や欲望を呑み込む犯罪が跡を絶たなかった。この地で万博を開き、多くの観光客を招くには、単に会場を建設するだけでなく、新たな鉄道路線を敷設し、水を引き、宿泊施設を用意し、安全な行楽地を用意する必要があった。それは街のしくみを根本的に改めることであり、シカゴを近代化することを意味した。

四年前のパリで行なわれたことはことごとく、学ぶべきモデルであると同時に乗り越えられるべきモデルでもあった。絵はがきもまた例外ではなかったのである。

印刷技術という点では、アメリカ初の公式絵はがきは、エッフェル塔絵はがきのデザインをはるかに凌ぐものとなった。エッフェル塔絵はがきが単色刷りで一種類のみ発行されたのに対し、シカゴ万博のもの

電気館の描かれたシカゴ万博絵はがき（未使用）。

は、多色刷りの石版印刷絵はがきで、しかも合計一二種類にわたった。価格は一枚あたり二・五セント、最初は一〇枚一セットで、のちには二枚追加されて、一二枚一セットで販売された(*)。通常の通信代の二・五倍というのは、やや割高にも思えるが、その豪華さを考えれば妥当な価格だったと言えるだろう。

シカゴ万博の公式絵はがきを作成したのは、シカゴの印刷業者、チャールズ・W・ゴールドスミスだった。彼はニューヨークのアメリカン・リトグラフィック社に印刷を依頼した。

小さな絵はがきの下半分は通信欄で、上半分に万博の目玉である各パヴィリオンが精緻に印刷され、さらに左右にはシカゴ万博の主役であるコロンブスや女神の像が刷り込まれた。画面を小さく区切り、そこに細かな情報を盛り込むことで、その印刷技術の高さを見せつけたのである。これはドイツ製の「Gruss Aus（……からの挨拶）」絵はがきに一般的な方法だった（「アルプスからの挨拶」参照）。この時期、石版による多色印刷は主にドイツの印刷会社で行なわれており、アメリカにも「Greeting From」という翻案版が出回っていた。アメリカン・リトグラフィック社がこうした意匠を参考にしたことは間違いないだろう。

万博の開催に先駆けてゴールドスミスは農業館、漁業館、女性館、そして戦艦イリノイという四種のイラスト入り絵はがきを一部の地域で発行している（これらはのちに、会期中に発行された一〇枚セットの中に組込まれる）。

この万博の最大の呼び物であったはずの工業館、電気館、あるいは観覧車といった題材は、最初の絵はがきには盛り込まれなかった。しかし、それには理由がある。これらの建物の施工が、絵はがきの発行に間に合わなかったからだ。じつは、シカゴ万博は史上稀に見る突貫工事によって実現した催しだったのである。

シカゴが万博開催地と決定したのは開催の三年前の一八九〇年、しかもその時点ではまだ開催地すら決まっていなかった。翌年、ようやく開催地として選ばれたジャクソン・パークは、わずかに雑木林が点在する砂地で、いまだ公園の体すらなしていなかった。工期は一八九三年の開催までわずか二年余り、しかも凍てつくようなシカゴの冬は、工事の足を大幅に鈍らせた。結局ほとんどのパヴィリオンは、開催に滑り込むようにあやうく完成した。エッフェル塔に対抗すべく計画されたフェリスの大観覧車にいたっては、開場日から五〇日以上も遅れ、六月になってようやく運転を開始した。

開催前に発行された絵はがきに刷り込まれたパヴィリオンは、いずれも比較的早く完成したものだった。

絵はがきに描こうにも、万博会場のほとんどは、まだ実体がなかったのである。

シカゴ博の日本館

絵はがきに見られる印刷技術は、この万博で売り出されたさまざまなグッズにも存分に発揮された。(**)たとえば、五〇セントの総合入場券はわざわざ六種類が作られ、コロンブスやリンカーンなど、それぞれ異なる肖像が多色刷り石版によって刷り込まれていた。

会場内の各館がカラー印刷された万博記念トランプカードも人気を集めた。公式ガイドブックにはいくつものバージョンがあり、高価なものにはあざやかな石版印刷がほどこされていた。各国のパヴィリオンも競って展示品やアトラクションのカタログや宣伝物を作った。会場の内外では、広大な万博会場の見所を撮影した豪華な万博写真アルバムが数多く発行された。

日本の評議員としてシカゴ博を訪れた写真師小川一眞は、万博会場のいたるところで見られる印刷物に圧倒された。小川が特に注目したのは、写真製版技術であった。シカゴ万博で販売されていた写真帖には、まだ日本にない写真銅版印刷が用いられていた。当時、小川が雑誌『国華』などで用いていたコロタイプ印刷は、画質はよいものの、数百枚の印刷が限度だった。いっぽう写真銅板印刷は、画質はやや劣るものの大量印刷に適しており、大判で印刷されたアルバムは目を楽しませるのに十分であった。

小川は、シカゴ博における大量の印刷メディアの隆盛を見るにつけ、日本館である鳳凰殿を、もっと印刷物によって宣伝する必要があると感じた。

鳳凰殿は、会場北側にある池の中央にある小島に建てられていた。それは東対岸の漁業館、西対岸の女性館といった巨大なパヴィリオンに比べると、ごくこじんまりした造りであった。しかも島の周囲に植えられた樹々にその姿が隠れて、島の外からは外観が見えにくくなっていた。そもそも、会場全体の庭園を設計したオルムステッド（彼はニューヨークのセントラル・パークの設計者でもある）の計画では、この小島は、パヴィリオンのない、緑の憩いの場となる予定で、鳳凰殿は、その緑に割り込むような形で建てられたのである。

小川は、来場客の目をより向けさせるべく、独断でシカゴの印刷会社に発注して宣伝チラシを作らせ、その費用を日本の出展資金から都合してもらうよう書状を送ったが、この申し出は予算不足のせいで断られてしまった。

人気はともかく、小川が喧伝しようとした鳳凰殿は、万博会場の中にあって、ひときわ特徴的な外観をもっていた。

博覧会の総合設計を担当するダニエル・バーナムをはじめとする新古典主義の建築家たちは、太い石柱に支えられた巨大なパヴィリオンによって、垂直の力を強調した。バーナムの案によって、会場の主な建築壁面はすべて白一色に統一され、会場は「ホワイト・シティ」と呼ばれた。巨大な白い壁面と柱の影によって、垂直方向の稜線は一層強調され、見る者は、巨大で重たげな建築がそのまま空中へ浮上するような錯覚に陥った。

これに対し、鳳凰殿の木造建築は、空中に広がる屋根の稜線を持っていた。木造の戸板の印象は柔らかく、縁側によって外部に開かれていた。水平方向に人を誘うように設えられたその外観は、人々を力で圧倒する他のパヴィリオンとはまったく趣がことなっていた。

当時ルイス・サリヴァンのもとにいて、万博建築にもかかわったフランク・ロイド・ライトは、この鳳凰殿に何らかのインスピレーションを得たのではないかと言われている。ちょうど万博開催のこの年、ラ

シカゴ万博のジャクソン・パーク会場。中央の巨大な建物は「リベラル・アーツ＆マニュファクチュア館」で、中央左側の木々に囲まれた日本建築が「鳳凰殿」。

シカゴ万博「鳳凰殿」の近景。

イトはサリヴァンのもとを離れ、独自の建築を始めるのだが、そのスタイルは、彼の代表作であるロビー・ハウス（一九〇八年）に見られるように、垂直方向よりも水平方向の線を重視する独特のものだった。軒を深くとり、壁を支える煉瓦の継ぎ目から垂直線を排し、天井の横木を長く平行に渡し、外観と内観を徹底的に水平線によって構成する彼の手法からは、明らかに「鳳凰殿」を始めとする日本建築の影響が感じられる。

万博における写真印刷メディアの隆盛に刺激を受けた小川は、日本に帰国する際、私費を投じて、シカゴから写真銅版印刷機を輸入した。「聞く所によれば、小川氏は自らこれを携へて、博文館に其の採用方を慫慂するや、同館は日清戦争実記の口絵として、先づ此の製版を利用するに決し、其の一切を小川氏に託して遂に無前の効果を挙ぐるに至つたものであると云ふ」（木村小舟『明治少年文学史』第三巻）

折しも翌年の一八九四年（明治二七年）、日清戦争が勃発し、博文館はこの戦争の実況を報じるべく、小川の持ち込んだ写真銅版技術を口絵に用いて、『日清戦争実記』という雑誌を発行した。当時、雑誌の口絵に報道写真が掲載されるのは画期的なできごとだった。

この『日清戦争実記』の成功によって、以後、博文館は、『太陽』『日露戦争写真実記』など、写真記事を掲げた明治を代表する雑誌を発行していくことになる。小川の輸入した写真銅板技術は、写真ジャーナリズムの勃興へとつながっていったのである。

流行に聡い小川一眞は、絵はがきにもかかわっている。小川は日露戦争に私設従軍写真班を派遣し、戦

明治38年（1905年）、小川一眞の主催で上野で開催された「日露戦役彩色大写真展覧会」の模様を写した絵はがき。小川一眞出版部発行。1905年９月30日付けフランス宛で通信文はない。

中の光景をいち早く『日露戦争実記』などの戦争雑誌に掲載したのだが、さらにはこれらの写真を流用して日露戦争絵はがきを作ったのである。彼の発行したものには「小川一眞出版部発行」の文字が入っているので、他の写真絵はがきと区別ができる。

その後のアメリカ絵はがき

シカゴ万博記念絵はがきによって、華々しく打ち出された石版絵はがきだったが、その後すぐに絵はがきブームが到来したわけではない。郵便はがき制度の開始以降、私製はがきの利用は、アメリカでは一八九八年になるまで格差をつけられた。官製はがきが一セントで送ることができたのに対し、私製はがきは封書と同じ二セントを課されたのである。倍の価格をつけられたのでは、私製の絵はがきが流行するはずもなかった。以来数年にわたって、アメリカの絵はがきは、博覧会記念絵はがきを中心とした少数の官製絵はがきに限られ続けた。

私製はがきに対する制約がようやく解けたのは、一八九八年のことだった、以後、「私用郵便カード Private Mailing Card」と明記しさえすれば、官製絵はがきと同じ価格の一セント切手を貼って投函することができるようになった。さらに一九〇一年になると、この「私用郵便カード」という明記も不要になり、私製はがきは自由に製造できるようになった。アメリカの絵はがきブームが始まるのは、この頃からである。

一九〇七年から〇九年ごろにはアメリカの絵はがき熱はピークに達し「あらゆる歩道の角に絵はがき屋のスタンドがあり、1ブロック内にもいくつかあった。どんな小さな街にも絵はがき専門店があり、都会には食料雑貨店より絵はがき屋のほうが多いというありさま」(*Dry Goods Reporter*, 1909.3.1)だった。しかし、多くの絵はがきはじつはドイツから輸入されたもので、一九〇七年には三万トン以上のはがきがドイツから輸入されていた(*)。

このため、一九〇九年には政府は絵はがきを始めとする印刷物に関税をかけることを決定したが、このことは、アメリカの絵はがき市場を混乱に陥れることになった。というのも、関税の改定を見越した業者たちが、ドイツから大量に絵はがきを仕入れたからである。絵はがきは次第にだぶつきだし、価格破壊が起こった。

さらに追い打ちをかけたのが、一九一二年ごろから始まる、封筒入りの二つ折りグリーティング・カードの流行だった。絵はがきが占めていた平台を、次第にグリーティング・カードが占めるようになっていった。

一九一四年の第一次大戦によって、ドイツ製の精巧な絵はがきが入手困難になってくると、アメリカにおける石版印刷絵はがきの質は劣化せざるをえなくなってきた。

さらに、コストのかかる石版印刷は次第に過去のものとなりつつあった。一九一〇年に、ヒューブナーとブライシュタインは写真製版を応用した多色平板製版法を特許化し、より安価で版ずれの少ない多色印刷が可能になった。インクを節約するために、絵はがきは縁取りを白いまま残しておくのが慣例となった。コレクターはこの時期の絵はがきを「白縁 White Border」と呼んで区別している。

こうしたいくつもの事情が重なって、第一次大戦後のアメリカの絵はがきは、質的に大きく変化した。この時期の特徴としては、平板印刷と相性のよい水彩画を得意とする画家、とりわけ子ども向けの絵本作家が、絵はがきのイラストレーターとして活躍し多くの作品を残したことが挙げられるだろう。(***)

アメリカでは現在も、絵はがきやグリーティング・カードのやりとりは盛んで、季節のカードが雑貨屋に並んでいるのをよく見かける。こうした風習は、二〇世紀初頭の絵はがきブームに端を発しているといっていいだろう。

しかし、オフセット印刷による現在の絵はがきの鮮やかな色彩には、かつての石版印刷のもっていたきめ細かな点描の味わいはない。第一次大戦以前の絵はがきは、その独特の美しさゆえに、いまなおコレクターの人気を集めている。

その後の鳳凰殿

それにしても、アメリカ初の絵はがきに描かれたシカゴ万博の美しいパヴィリオンたちは、その後どうなったのだろうか。少なくとも、バス跡地のそばを行きすぎた限りでは、万博の華やかさを忍ばせるものはほとんど見あたらなかった。

何か手がかりがないかと思い、改めて当時のメイン会場であったジャクソン・パークに行ってみた。

二月の風は昼なお冷たく、公園とはいえ、あたりには人の気配はほとんどない。シカゴ万博のおもかげを残しているものといえば、元ファイン・アート館のみで、いまは修復と増設を経て「科学工業館」と呼ばれている。一八九三年一〇月、万博が閉幕すると、この科学工業館をのぞいて、突貫工事で建てられたパヴィリオンのほとんどは一年以内に解体されてしまったのである。

日本のパヴィリオンはどうなったのだろう。

かつて鳳凰殿のあった池の中州に行ってみると、驚いたことに簡素な和風の入口があり、そこには小さな日本庭園があった。

入口の説明書きには、鳳凰殿のその後について簡単に記されていた。それによれば、万博終了後、鳳凰殿の周囲には、日本庭園が拡張され、新たな茶室も造られたらしい。しかし、第二次大戦の勃発後、園内の建物は火事によって焼失し、その後打ち捨てられた状態になっていた。現在の庭園は、一九九三年、シカゴ万博百年を記念してシカゴ市によって改めて整備されたものだという。

門をくぐると赤茶けた砂石が敷いてある道が小さな池を囲み、そこここに石灯籠が置かれている。木々は冬枯れて、点々と植えられた松も勢いがなく、凍った池を覗き込むと真っ白に脱色した紅葉が底に沈んでいる。およそ人を寄せ付ける雰囲気ではない。

それでも、何の手がかりもないのに較べれば、このようにかつてを忍ぶものがあるのは、悪いことではない。シカゴの遅い春が来れば、少しは散歩向きになるだろう。

それに、フランク・ロイド・ライトの建てたロビーハウスは、ここから歩いていける距離にあるのだ。

（*） George and Dorothy Miller, *Pictrure Postcards in the United States 1893-1918*, Potter, New York, 1976.

（**） N. Bolotin & C. Laing, *The World's Colum-bian Exposition*, The University of Illinois Press, Urbana & Chicago, 1992/2002.

（***） Postcards from the nursery, D&P. Cope, 2000.

洪水と空白

二〇〇四年、福井新潟を襲った水害は、もちろん新聞やテレビなどのマスメディアによって盛んに報じられた。が、それとは別に、地元の人々、あるいは水害後に現地に入った人々によって撮影された数多くの映像がインターネット上で公開され、そこには実際に被害を目の当たりにした人によるコメントが添えられている。こうしたパーソナルな報告の中には、災害前、災害後の川周辺の様子を撮影し、水害の状況がひと目でわかるよう比較してあり、マスメディアの報道よりもさらに詳しい状況に触れることができるもの、被災地の細かい比較によって、ボランティアの人員配分に役立つようなものもある。

個人が事件を報じ、映像を発信する。その前史となるようなできごとを、絵はがき史にも見出すことができる。それは、災害絵はがきの登場である。

街路を写す水害絵はがき

わたしが明治の水害絵はがきを集めることになったのは、もとはといえば明治の高塔、浅草十二階を調べるためだった。明治期の浅草六区がどのような場所であり、どの路地を曲がるとどこに行き着くのか。区画が激変した現在の浅草からそれを推し量るのは難しい。そこで、当時の絵はがきに写し込まれた風景から、当時の光景を割り出していく必要があった。

たとえば、**図1**は明治四〇年代の浅草十二階の立ち姿である。池の向こうにすっきりとその姿が写し込まれているものの、その足下は、池端の柳に隔てられており、どのような光景がそこに広がっているのかわからない。塔を出た客が、（おそらく啄木がそうであったように）池端からふらふらと小路を曲がり、当時私

(T132) Asakusa-park at Tokyo. 階二十園公草淺（勝名京東）

図1　浅草十二階と仁丹の絵看板。明治30年代末ないし明治40年頃。

娼窟であった塔下苑に紛れ込むとして、その通りはどのような場所だったのか、それを知るためには、他のアングルから写された十二階付近の写真が必要だった。

しかし、一般に名所絵はがきのアングルはヴァリエーションに乏しい。十二階の場合で言えば、池ごしにカメラを据え、水面に塔の反映が映るという**図1**のような構図が定番となっており、別のアングルを探すのは難しい。

ではどうすればよいか。この問題を解くヒントとなったのは、佐藤健二氏が紹介している、十二階研究者、喜多川周之氏のことばだった。

もともと水をかぶりやすい場所は、名所とはほど遠い、むしろ一般に生活環境のよくない所が多い。そうしたよそゆきに紹介される可能性のない所にカメラが入り、その町なみや生活の一部分を記録しているところに、「水害」絵はがきの特徴や価値がある。

（佐藤健二『風景の生産・風景の解放』講談社選書メチエ）

このことばに従って、水害絵はがきを集めていくと、なるほど名所絵はがきからはわからない、さまざまなアングルから撮影された街路の状況が浮かびあがってくる。たとえば**図2**を見てみよう。これは明治四三年に東京を襲った大水害における浅草六区を撮影したものだが、写真左上の「丹」の字から、**図1**に写し込まれた仁丹大看板の下であることがわかる。すなわちここには、通常の名所絵はがきでは写される

図 2　明治43年 8 月の東京大洪水絵はがき。浅草十二階東の通り。左上に仁丹の絵看板の下部が写り込んでいる。

図 3　図 2 の拡大。両手でもたれている女性の下に「天ぷら」の文字。

ことのない、十二階の正面を出てすぐ東側の街路が写し込まれているのである。

人々の帽子や頬被りは、大雨のあとの夏の陽射しの強さを物語っている。街路の広さ、街灯の存在、店の軒先に吊るされた提灯などから、この通りの夜がいかなる薄暗さであったか、おおよその想像がつく。また、写真正面、女性達が階下を見物しているその二階の手すりには「天ぷら」の文字があり、この店が天ぷら屋であったことがわかる（図3）。のちの大正一二年、関東大震災の際に出火して十二階消失の原因となったと言われる「角の天ぷら屋」とはこの店のことだろう。

この写真は、別の意味でも、喜多川氏のことばの正しさを伝えている。この写真のすぐ左側には、浅草の名所絵はがきの定番である十二階があるはずだ。にもかかわらずカメラマンは、その名所の姿を収めることなく、池からあふれ出した水に浸された街路のみを写している。つまり、この非常時において、名所は脇へ押しやられた格好になっているのだ。

逆に、十二階を思いがけない場所から撮影した写真もある。**図4**は水没した吉原付近の風景だが、画面前方を広々と水が浸しており、その遙か向こう、中央に、十二階の立ち姿が写し込まれている。吉原といえば大門を写すか、派手な二階楼、三階楼の前に花魁の姿を写すのが定番であり、軒を俯瞰するアングルは珍しい。おそらく撮影者は水没した下町を写そうとして高みに登り、そのとき、彼方にぬっと現われた十二階の意外な姿を発見したのだろう。

図 4　明治43年８月の東京大洪水絵はがき。「８月13日午前６時雨中の実況」（吉原付近）。中央にうっすらと十二階の姿が写っている。未使用。

図 5　大洪水時の浅草公園大池。東京・本郷、明治43年８月18日消印、兵庫・国包、８月19日通信印。通信文は本文参照。

写真絵はがきの画質

現在では、このような災害の実況を写した「災害絵はがき」が売り出されることは考えられない。仮に売り出されたとしても、人の不幸を商売にする企画として、非難を浴びることだろう。しかし当時はそうではなかった。じっさい、この明治四三年の東京大水害では、ここに紹介する以外にも、数多くの種類の災害（写真）絵はがきが存在する。

なぜ明治期に、写真絵はがきが新聞や雑誌と同等のメディアとなりえたのか。その原因のひとつとして、当時の新聞に現在のような高度な写真印刷がなかったことが挙げられる。新聞に本格的に写真印刷が採用されるようになったのは明治三〇年代のことだが、そのほとんどは画質が低く、事件のディティールは印刷につぶれて曖昧になった。じっさい、明治四〇年代に入っても、ことの詳細を描くには写真ではなく挿絵が用いられることがあった。

いっぽう、当時の写真絵はがきはコロタイプ印刷であり、その解像度はきわめて高かった。**図3**に見るように、細部に分け入っていけば、看板のひとつひとつの文字まで読み取ることができる。つまり、絵はがきは新聞よりもはるかに高画質の映像を提供してくれるメディアだったのである。

水害の進行と絵はがきの速報性

災害絵はがきが一般的だったもうひとつの理由としては、その速報性が考えられる。意外なことだが、当時、災害時にあっても絵はがきは週刊誌なみの速さを備えていた。

そのことを証明するのが、**図5**の絵はがきである。写真には浅草六区の大池（ひょうたん池）の真ん中にあった中の島が水没している様子が写し出されている。表書きを見ると、東京本郷から兵庫県に差し立てられた絵はがきで、東京での消印の日付は八月一八日であり、兵庫では翌一九日に受領印が押されている。

この日付はどのような意味を持っているのか。水害の進行を考えるために、当時の新聞記事を、日を追いながら確かめていこう。

この月、明治四三年八月、関東地方は例年よりも冷夏で、天候不順ではあったが、八月七日の両国川開きは例年通り行なわれ、途中驟雨に見舞われたものの、多くの人で賑わった。

東京朝日新聞で最初に豪雨の兆候が報じられたのは八月八日で、第四面の最下段に、「群馬の豪雨」と題した記事が載っている。各地の川の氾濫や堤防の決壊が報じられ、かなり甚大な被害が出ているにもかかわらず、地方であるせいか扱いは小さい。いっぽう、東京地方についてはとくに記述がなく、「立秋の天候」という記事が「京阪以東は矢張り雷雨起り冷涼の天気尚継続すべき状態なり」と報じている。

八月九日、こんどは「神奈川県の水害」が第五面の中段に報じられて、横須賀・逗子・茅ヶ崎・鎌倉方面などでの深刻な被害が記されている。しかし、ここでも東京に関しては、江戸川や多摩川などの増水に関して「諸川増水」と報じられているのみである。

これらが「東海道」一帯の大被害として拡大して報じられたのは八月一〇日で、この日の第五面全体は「稀有の水害」と題されて、水害記事に割り当てられている。ただし、この時点ではまだ東京付近の被害は最下段である。

東京が甚大な被害に見舞われたのは、翌八月一一日である。この日、記事は一気に拡大し、第四面のほとんどが各地の被害に割り当てられ、第五面のすべては東京市内の被害を報じている。前日の一〇日に、六郷川、川越の堤防は決壊し、各地で浸水の被害が広がった。

雨は小康状態になると予測されたが、被害はさらに拡大し、八月一二日の水害記事はついに第三面、長塚節「土」の連載面にまであふれ、六面には各地の被害実況を撮影した写真が挿入された。鉄道が不通になったため郵便は滞り、東西のやりとりは「悉く海上輸送に依る」事態となった。綾瀬、小梅で堤防が決壊、向島は「大湖水」、本所は「水漫々」となった。

では、はがきに写し込まれている浅草の被害はいつの撮影だったのだろうか。八月一〇日、東京市内各地で被害が広がっているが、浅草は「各町とも床下」（朝日・八月一一日）とあり、千束町や公園六区がいずれも床下浸水となっている。まだ**図5**の写真ほどではない。

しかし、翌日一一日の午後八時には吉原堤以北の浅草下谷各町は全く水に浸され、「浅草公園凌雲閣横手に存在する千束町の新聞縦覧所碁会所其他曖昧屋の白首連亦出水に肝を潰し是将た裾高く絡げて濁水の中に奔走し居たりき」という状態となっている（朝日・八月一二日）。

さらに一二日には「浅草、車坂より田島町、松清町、公園及び千束町は其後益増水し避難大混雑を為し吾妻橋より雷門前は水見の野次馬押すな〳〵の人でなりしに」（朝日・八月一三日）といったありさまだった。

したがって、浅草公園の被害実況を写した図5の絵はがき写真の撮影日は、おそらく八月一一日、もしくは一二日ごろであろうと考えられる。

その写真が絵はがきとして印刷され店頭に並び、さらにそれを購入した一人の東京人が文をしたため投函したのが遅くとも一八日、はがきはその日のうちに東京で消印を押され、洪水後の郵便事情が混乱する中、翌日兵庫に届き、一九日の受領印を押されている。

むろん新聞よりは遅い。が、先にも述べたように、写真絵はがきの鮮明さは、新聞とは比べものにならない。その質を考えあわせるならば、絵はがきというメディアは驚くべき速報性を持っていたと言うべきだろう。

ことばを待つ空白

こうした絵はがきは、遠方に投函されることで、事件を知らせるパーソナルなメディアともなった。ただし、個人がそこに書き付けることのできることばはさほど多くなかった。明治四三年当時の絵はがきでは、通信欄ははがき表の三分の一の分量に限られていたのである。この狭い空白に、図5の絵はがきの差出人は、近況報告とともに次のような「事件」の内容を書いている。

其の後は誠に失礼にのみ打ち過ぎ候へ共何卒御許し下され度候

実は病気にて療養中にゐて之候（中略）
何れ近い中お目にかゝるると存じ候
此の絵葉書は過日来の大洪水の実況にて
浅草は水深六尺・向嶋千住は廂を水が洗い申候

書き手のごく簡潔な調子に比べて、絵はがきの裏では水があふれている。池の中の島にある茶屋は床上まで浸水し、木々がわずかに頭を出し、ふんどし姿の男たちが腰まで水に浸かっている。その男たちの腰のまわりに鉛のような波紋の広がる様が、コロタイプ印刷で克明に写し出されている。

絵はがきの写真は、新奇な事件を写し出し、その裏側に小さな空白を設けて、差出人の報告を待っている。この空白にことばを埋めようとするとき、差出人は思わず知らず、事件の報告者になる。差出人による短い文章は、事件をいわば裏打ちして、既成の事件を個人的に伝えた。

かつて、相手に差し出す写真絵はがきを選ぶということは、自分がどのような実況を伝える役目を担うかを、選びとることでもあったのだ。このように考えていくと、現在のわたしたちにとっての観光絵はがきは、当時の絵はがきの持っていた「個人による事件報告」という性質の一部が残存したものであることがわかってくる。

差出人のいた本郷は、下町のような浸水被害に遭う心配はなかっただろう。そのせいか、絵はがきの文

明治四十三年八月大洪水惨況　（本所石原町船の郵便配達）

図 6　大洪水時、浸水地帯の郵便はこのように船を用いて配達された。

章はややあっさりとした儀礼的なものに過ぎない。

しかし、本郷のような微高地の上に住んでいるからといって、水害の被害から免れるとは限らなかった。「本郷」という地名と明治四三年の東京大洪水との組み合わせは、漱石の「思ひ出す事など」に綴られている、一通の電報の話を思い起こさせる。

> それは恐るべき長い時間と労力を費して、やつとの事無事に宛名の人に通ずるや否や、其宛名の人をして封を切らぬ先に少しはつと思はせた電報であつた。然し中は、今度の水害で此方は無事だが、其方はだうかといふ、見舞と平信をかねたものに過なかつた。出した局の名が本郷とあるのを見て是は草平君を煩はしたものと知つた。
>
> （「思ひ出す事など」）

東京大洪水の初期、森田草平は、早稲田に住む鏡子夫人から、修善寺で療養中の漱石への電報を言付けられた。それで漱石が修善寺で受け取ったその電報には早稲田ではなく本郷局の名が記されていた。

その後、鏡子夫人が本郷の親戚のところへいった帰り道、水見舞いのつもりで牛込区矢来町にあった草平のところへ行ってみると、「かねて見覚のある家がくしやりと潰れてゐた」。幸い草平は顔に少し怪我をしただけで、家族とともに柳町の貸家に仮住まいをしていた。

降り続く雨のために地盤がゆるみ、草平の家のちょうど裏手で崖崩れが起こったのだった。水害の被害は、下町の浸水だけではなく、山手にも及んでいたのである。

大洪水と「修善寺の大患」

明治四三年八月六日、夏目漱石は療養のため修善寺に発った。車で菊屋旅館に向かう頃には、雨が激しく降り出し、夜道のくらがりは漱石の目に川のように映った。蛙の声がおびただしくなった。その夜はずっと、強雨の音が響き続けた。

漱石日記の一〇日から一二日までは、日付がまとめて書かれており、「夢の如く生死の中程に日を送る」とある。これはまさに、東京に大洪水が広がっていくときにあたる。断続的に降り続いた雨による被害は、不安の染みが広がるように日を追って拡大していった。新聞記事の報じる洪水被害の度合いに重なるように、漱石の病状は悪化した。新聞は遅れ、届いたものも雨でひどく湿っていた。

湿つた頁を破けない様に開けて見て、始めて都には今洪水が出盛つてゐるといふ報道を、鮮やかな活字の上にまのあたり見たのは、何日（いつか）の事であつたか、今慥かには覚ていないけれども、不安な未来を眼先に控て、其日其日（そのひそのひ）の出来栄を案じながら病む身には、決して嬉しい便りではなかつた。夜中に胃の痛みで自然と眼が覚めて、身体の置所がない程苦（くるし）い時には、東京と自分とを繋ぐ交通の縁が当分切れた其頃の状体を、多少心細いものに観じない訳に行かなかつた。余の病気は帰るには余り劇（はげ）し過た。さうして東京の方から余の居る所迄（まで）来るには、道路が余り打壊れ過ぎた。のみならず東京其物が既に水に浸つてゐた。余は殆ど崖と共に崩れる吾家（わがや）の光景と、茅が崎で海に押し流されつゝある吾子供等を、夢に見やうとした。

（「思ひ出す事など」）

紙面を覆い尽くした水害記事は、一五日を峠にようやく収束に向かいだした。しかし漱石の病状はおもわしくなく、ようやく日記を書く力を得たのは二〇日の四時過ぎだった。この日、洪水後の復旧状況を報じる記事にまじって、朝日新聞には「夏目漱石氏の病状」が掲載された。復帰した東海道線に乗って東京から鏡子夫人もかけつけた。つい一週間前まで東京が絵はがきに見るような水浸しの状況であったことを考えると、夫人の旅支度も容易ならぬものであったであろうと想像される。

不思議なほどに天気はよくなった。二一日には花火が上がった。二二日と二三日の日記の冒頭には「快晴」と記された。二二日、漱石は牛乳一合、重湯五勺、卵の黄身一つを食べた。鏡子夫人は縁側で、医師の森成麟三、漱石の教え子坂元雪鳥とともに水瓜を食べた。匙で水瓜の底を突くと赤い汁が湧いて出て、漱石は、匙ですくったその汁を飲ませてもらった。

しかし「忘るべからざる二十四日」、漱石はとつぜん大吐血をし、人事不省に陥った。

空白に書き継ぐ

この年、どういうわけか漱石は、横書きの手帳を後から遡るように、縦書きで日記をつけていた。二三日まで続いていたこの日記は「忘るべからざる二十四日」に中断されている。

では日記はその後空白になったのか。そうではない。じつは、東京から駆けつけていた鏡子夫人によって、同じ手帳の同じ頁から、やはり漱石と同じく頁を遡って書き継がれているのである。危篤という事態とはいえ、一冊の日記を夫婦が書き継ぐのは珍しい。

夫人による日記の執筆は、漱石が回復する九月七日まで毎日欠かされることがなかった。そこには、その日その日の容態と見舞客の名前が簡潔に綴られた。

九月八日、漱石の様態は小康を得て、再び手帳に日記を綴られ始めた。しかし、興味深いことに、鏡子夫人の文字が記された頁から続けて書くことを避けて、断片を書きつけてあった手帳のはじめの方に戻り、以前とは逆方向から日記を綴り始めている。

九月八日の日記には「庇護。被庇護」という文字とともに、「自然淘汰に逆ふ療治」「半白の人果して此看護をうくる価値ありや」「吾より云へば死にたくなし。只勿体なし」とある。つまり、日記の内容もまた、まるで夫人との庇護被庇護の関係に疑問を投げかけ、あたかも生きながらえた自分の今のありように疑問を呈すように綴られているのである。

再開された日記は頁を順に進んでゆき、ついには夫人の記している九月七日の頁につきあたった。頁には少し余白があった。漱石はそこに「一〇月七日、快晴。安眠常人と同じ」と記した。

東京へ帰る日が近づいていた。一〇月八日から日記は新しい手帳に移った。

数へると明後日は東京へ帰る日也。嬉しくもある。又厭でもある。帰りたくもある。帰りたくもない。現状は余程の苦痛でなければ変る事を敢てし得ないものである。

漱石がじっさいに東京に戻ったのは「明後日」ではなく、三日後の一一日で、その日は修善寺に来たときと同じく雨だった。漱石の水没の日々は、雨に始まり雨に終わったのである。

馬車の外の景色は、雨にもかかわらず目に皆新しく映った。もっとも目を引いたのは稲の色だった。漱石は手帳にこう記している。

竹、松山、岩、木槿（むくげ）、蕎麦、柿、薄（すすき）、曼珠沙華、射干（しやが）、悉く愉快なり。山々僅かに紅葉す。秋になつて又来たしと願ふ。

色彩と痕跡

最初は、「西ノ宮」という地名にひかれたに過ぎない。絵はがき（巻頭カラー口絵C）は「摂津　西ノ宮海岸」と題されており、消印の日付から、それは明治期の西宮海岸を写したものと知れる。俯瞰のアングル。写真機は浅瀬に突き出た岩場か何かに据えられているのだろう。

わたしは幼少期を西宮の甲子園の近くで過ごした。当時、すでに海岸には防波堤が築かれ、テトラポッドが並べられており、泳ぐと水面に浮いた油が体にべたべたとまとわりついたが、それでもこの写真絵はがきに写っているような掘っ立て小屋が、まだわずかに残っている頃で、わたしもまた、この写真と同じように、浅瀬で戯れた記憶がある。

写真は現実のふくらみをもたない、ただの平面に過ぎない。が、ただの平面だからこそ、そこには偽物が忍び込む余地がない。ふくらみをもたないことによって写真は「写真じたい」の気配を消し、写されたものになりすます。わたしは、海辺のその見たことのない光景に既視感をおぼえ、懐かしささえ感じることができる。その感覚は「レトロ」とか「ノスタルジー」といった、かつての「日本」を懐かしむことばに、やすやすと回収されるような手合いのものだろう。写真は、わずかなきっかけからわたしの記憶の一部をなでてゆき、そのことで、平面をまるごと懐かしさへと裏返そうとする。

そして、確かにそのような懐かしさによって、わたしは紙箱のなかの絵はがきを繰る手を止めたのだが、それだけのことなら、おそらくこの写真を拾い上げて、手元に置こうとはしなかっただろう。

この絵はがきから次第に立ち上がってくるのは、そうした懐かしさとは異なる、別の現実感である。たとえば、その感じは、少年から離れて砂浜に立っている一人の男から始まる。男のまなざしは小さくて見えない。しかし、その立ち姿は、明らかにまっすぐこちらを向いており、互いに笑みをかわし合っている少年たちとは異なり、全身を写真の構図のために奉仕している。それはシャッタースピードの遅い当時の写真機に向かって、体を動かすまいとする配慮の現われかもしれない。

この男が、少年たちに比べて小さいおかげで、見る者はそこが「中景」の遠さにあることを知り、そこからさらに離れた掘っ立て小屋の、意外な遠さを知ることができる。じっさい、この絵はがきを覗き眼鏡に据えて、片目で覗き込むならば、少年たちの体を取り囲む緩やかなさざ波、そして男の後ろに広がるなだらかな浜辺の斜面は奥行きへと変換され、あたかもパノラマ画のごとく、見る者の体は浜辺の空間へと接続され、水の気配が足下にひたひたと感じられるほどだ。

そしてこの奥行きの中にあって、男はまるで、海と陸との蝶番であるかのように立ちつくしている。一度その立ち姿にとらえられると、まるで、写真機とその男の間を結ぶ、目に見えない確かな力が、この風景全体をこの世に顕現させたのではないかと思われる。それほどに、彼の姿がこの写真の中心と化してしまう。

男の正しい立ち姿は、この写真の被写体がもっていた現実を、ただ忠実に見る者の現実へと受け渡すのではない。むしろ、写真は、浮世離れしたもの、この世ならぬものを現実化しつつあるのではないかと思われるほどだ。

その原因の一つは、絵はがきにほどこされた色にある。空は、赤と青のぼかしによって、海水浴の時刻には不似合いな夕暮れどきに染め上げられている。西宮の地理に通じているものなら、このうっすらと赤みを帯びた空が、東でも西でもなく、北であることにも気づくだろう。方角からすると、明らかにそれは、虚構の色彩なのである。

解像度の高いこの写真には、少年たちのまわりでさざめく波のひとつひとつまでが写り込んでいる。これだけの陰影が写り込むほどの陽射しならば、その影もまた写真に刻まれているはずである。中景の男にも、そして背景の高い旗竿のような柱にも、その影は見当たらない。おそらくこれは、空の色とは裏腹に、影のほとんど生じない真昼に撮影されたものだろう。つまり、夕暮れという時刻もまた、虚構なのである。

色がもたらしている虚構は、それだけではない。明治期の手彩色絵はがきを何枚か見たことのある者なら、ここに現われている空の色は、西宮の空に限ったものではなく、手彩色写真に広く用いられている形式であることを知っている。

明治期の写真は、露出に時間がかかった。地上の人々を鮮明に写そうとすると、空は露出過多になり、たとえ雲があったとしてもほとんどの場合はいったいに白く飛んでしまった。その結果、どんな空も、白無地の広大な空白となって画面に定着した。

手彩色は、その、白無地の空に対してなされた。その結果、あたかも浮世絵の空白を染め上げるフキアゲやフキサゲのぼかしのように、空は地平線に近づくに従い、あるいは天上に近づくに従い、しだいに醒めていく、人工の空となった。

この空の色のおかげで、写真は、「西ノ宮」という固有の地を離れ、手彩色絵はがきという架空の世界で像を結ぶ。そこは、黄昏近い空の下で、なおも海の温度の冷めることがない世界であり、その温度もまた、砂浜に立つ一人の男の正しき姿勢によって維持されているかのようだ。


そしてなによりわたしを戸惑わせるのは、これらの世界に文字通り刻印する消印に記された「NAGASAKI」の文字である。この、ひなびた関西の一行楽地を写した光景は、遠く離れた長崎と、何の必然性もなくつながっている。

切手、消印は、それを貼付け、押すものの手の形に見合った大きさをしている。切手は、貼付けるものの指先の大きさを想起させ、消印は、スタンプを持つ者の拳の大きさ、スタンプの柄の形に握り込まれた指の大きさを想起させる。この、何人もの少年たちを水浴びさせている浜辺の広がりは、じつは、切手を貼る者の指先、消印を押す者の拳の大きさからすれば、小人国（リリパット）でもある。絵はがきの浜辺から現実感を引き出そうとするわたしは、そこに堂々とインクを刻印するガリヴァーの手の出現にとまどう。

この絵はがきに貼られた一銭五厘の切手や消印は、通信のためではなく、一種の記念印なのであろう。

通常は宛名面に貼る切手をわざわざ絵の側に貼っているのがその証拠である。消印のにじんだ線は、切手を通過し、手彩色の空を横切ることで、はがき自体ではなく、写真を、そしてそこにほどこされた色を記念している。

絵はがきの宛名面は空白で、そこには差出人の名も宛先もない。「NAGASAKI」「JAPAN」という海外用の消印が押されていること、そして、この絵はがきがパリの絵はがき屋で見つかったことから推測すると、おそらく、この絵はがきは、日本の絵はがき商から輸出用に消印付きで送られてきたものではないかと考えられる。

差出人にとって重要なのは、この写真の撮影場所が「西ノ宮」かどうかではなく、そこにたまたま写しこまれた「JAPAN」の異国情緒であり、「NAGASAKI」という地名のほうが、蝶々夫人などで知られる紋切型の異国情緒を、より喚起したにちがいないのである。

いやしかし、たとえ差出人の意図がどうであれ、異国情緒、などという紋切り型で、この写真絵はがきの持ち主のまなざしを決めつけてよいものだろうか。

絵はがきの四隅には、くの字型の凹みがある。ただのアルバムのヒンジならばこれほどの凹みはつくはずがない。おそらく、小さな額か何かに入れられた際に四隅が長いこと強く押されていたのだろう。ということは、この写真絵はがきは、誰かの部屋の壁か卓上に飾られていたのかもしれない。

凹みの深さだけ、この絵はがきはずっと見つめられてきた。もちろん、わたしはそれがどんなまなざしかも、この絵はがきがどんな場所に飾られていたかも与り知らない。が、四隅の凹みは、その凹みによって、見つめられ続けた年月をネガのように指し示す。この絵はがきは、繰り返し眺められたのだ。わたしは、その凹みに見合う時間を考えながら、再び絵はがきに見入る。

写真絵はがきには、それを手に取った人の痕跡がさまざまな形で刻印されている。写真の持っている平面性は、色によって揺らされ、切手と消印によって揺らされ、それを手にした人の残した痕跡によって揺らされる。わたしのまなざしは、写真に導かれ、そこにありありと奥行きを見いだしておきながら、写真を手に取った人々のさまざまな痕跡に揺らされ、彼らのまなざしを借りる。そして、わたしに近しい「西ノ宮」ではなく、むしろわたしよりも前にこの絵はがきを手にとった人々のまなざしの集積である、この世ならぬ「西ノ宮」に身をおこうとするのである。

写真絵はがきの歴史

絵はがきが誕生した一九世紀後半、すでに写真はポピュラーなものであり、カルト・ド・ヴィジットをはじめ、紙媒体のさまざまな写真メディアが登場していた。

しかし、初期の絵はがきで用いられたのは、写真ではなくイラストレーションだった。当時、写真の印刷は手刷りが一般的で、絵はがきサイズの写真を大量に、しかもある程度の質を維持しながら製造するための写真製版技術は開発されていなかった。絵はがきは、もっぱらイラストレーションを用いた石版印刷に頼っていたのである。

世界で初めて写真を用いた絵はがきが登場したのは一八九一年のことで、発明したのはのちにマルセイユ旅行協会を組織した名士ドミニク・ピアッツァである。写真と絵はがきを合わせるこのアイディアは瞬く間に同業者を生み、ピアッツァ自身はほとんど利益を得ることはなかった。

写真絵はがきの質が飛躍的に向上したのは一九〇〇年前後で、その変化は、ヨーロッパの絵はがきに見てとることができる。この頃から、解像度の高い一枚の写真を用いる絵はがきが目立つようになるからである。

その原因は、おそらく、質のよいコロタイプ製版による大量印刷が導入されたためだろう。

コロタイプ印刷は、一九世紀半ばからフランス、ドイツで次第に進化した高画質の印刷技術である。現在の印刷技術の多くが網点やドットによる不連続な階調を用いているのに対して、コロタイプでは、ネガに貼りつけたゼラチン膜上にできる微細なしわの高低にインクを付着させて、連続的な階調を表現することができる。写真に定着された微細なトーンの変化を正確に紙に印刷できるため、現在でもその独特の画質を用いる印刷会社が日本に数社存在する。

当初、コロタイプは手刷りであったため、限られた数の出版物や複製画を印刷するのに用いられていた。しかし、やがて写真絵はがきの需要が伸びるとともに、平台動力機や輪転機と組み合わされることで、コロタイプによる大量印刷が始まった。この技術革新を得て、絵はがきの主流はイラストレーションから写真絵はがきへとシフトした。当時、新聞や雑誌の写真製版は画質の粗いものが多く、絵はがきは手軽に高画質の写真を手に入れるための格好のメディアとなった。

二〇世紀に入って、絵はがきはさらに写真へと近づいた。絵はがきの通信欄が絵の面ではなく宛名面へと繰り込まれるようになったのである。まずイギリスで、一九〇二年に宛先面の下三分の一を通信欄にあてることが認められた。この制度はフランス（一九〇四年）、ドイツ（一九〇五年）、日本（一九〇七年）、アメリカ（一九〇七年）に続々と取り入れられた。

この制度によって、絵の面に余白を残す必要がなくなり、写真は通信文から解放された。一枚の写真はそのまま、絵はがきの片面を支配することが可能になった。写真絵はがきは、写真にますます似通っていった。

しかし、この頃の写真絵はがきを考えるには、通常の写真論からはもれてしまう、もう一つの現象をとりあげておく必要がある。それは「彩色」である。

彩色という痕跡

写真を三色に分解して撮影印刷する技術じたいは一九世紀末にすでに発見されていた。しかし、そこにはまだ、絵はがきに応用できるだけの質や大量印刷のための行程が伴っていなかった。そこで、写真絵はがきは、手作業によって彩色されることが多かった。

明治後期から大正初期にかけての日本の絵はがきもまた、手彩色がほどこされることが多かった。そもそも日本には、横浜写真と呼ばれる、居留地の土産物用の写真アルバムがあり、こうした写真にはしばしば手彩色による色付けがほどこされていた。日本では、コロタイプは比較的早く導入された。それは、明治中期、すでに内閣印刷局三枝守富、東京印刷会社の星野錫、そして「万博からの挨拶」にも登場した小川一眞といった人々が、コロタイプ印刷を試みていたからである。コロタイプの美しい階調は、居留地のみやげ写真、いわゆる「横浜写真」にしばしば用いられ、そこには手作業による彩色がほどこされた。コロタイプ印刷に手彩色という形式は、絵はがきに容易に移行しうるものだった。

日露戦争勃発の翌年、一九〇五年（明治三八年）には、新聞に絵はがき着色工の募集記事が掲載されている。

絵葉書の流行しますので之を着色するのも宜い手間賃になります。上田屋書店の計りでも女工一人に付一ヶ月十円位になるさうで牛込新小川町三の十四渡邊翠溪（すいけい）方で昨今女工を募つております。
（読売新聞・明治三八年五月二四日）

この渡邊翠溪は、絵はがきの着色を専門とする「着色業」を営んでいた。一ヶ月十円という値段については明治三八年、日露戦争時の絵はがきブームという時代背景、そしてそれゆえの過酷な労働量も考慮に入れるべきだろう。ちなみに、漱石の「坊ちゃん」（明治三九年）が東京に戻って就いた街鉄の技手の月給が二五円、家賃は六円という時代である。

それにしても、着色はどの程度のペースで行なわれていたのだろうか。明治三九年二月三日の東京朝日新聞には「石版絵の着色は精々七銭止まり、絵葉書下彩色一日五百枚仕上にて十七銭乃至二十銭（中略）

概して女子の工賃といへば、六七銭乃至十五銭にて、二十銭は収入多き方なり」とある。一日五百枚ということは、一枚せいぜい一分程度の所要時間ということになる。「下彩色」とあることから、それは一枚すべての色をつけるような仕事ではなく、限られた色の限られた工程を請け負う単純作業であると考えられる。それが「五百枚」となると、相当根をつめる労働であろう。

絵葉書の彩色は、概して女工の仕事であったが、隆盛期には、少年少女の奉公先としてもすすめられることがあった。明治四二年一一月二八日の読売新聞の記事では、「コドモシンブン」の欄に、「自ら働いて貯めよ」というタイトルで、絵はがきの着色業を紹介している。そこには、都下の着色業について「着色絵葉書を出す家は十ヶ所二十ヶ所ではない。大抵各区に五六ヶ所位はあります」と記されており、当時いかに手彩色絵はがきを扱う店が多かったかが窺い知れる。

ところで、手彩色絵はがきの色は、はたしてどれくらい現実の色を反映していたのだろうか。

まず、一見して気づくのは、明治・大正期の手彩色絵はがきの色調が、どこか似通っていることである。絵の具の色は、空色、肌色、桜色、朱、黄、緑、紫などに限られており、一枚に対して用いられる色数はせいぜい五、六色といったところである。もっともよく使われるのは空色であり、空の余白には、空色をふきさげる。瓦や石段、遠い山々にもうっすら空色の下地を塗っておく。白黒で撮られた瓦屋根に空色が薄くかぶさると瓦の風合いが出るし、石の陰影に空色がかぶさると、なるほど石段らしくなる。

意外なことだが、人肌は肌色に塗られることは少なく、むしろ、彩色せずに残される。肌色がもっともよく使われるのは、地面と空である。地面の陰影に淡い肌色が重なると、浮世離れした土地が生まれ、空の余白に肌色が下からふきあげられると、空は夕焼け色に染まる。

空色と肌色の二色は、いわゆる「下彩色」にあたり、どの絵はがきでもその配色はほとんど変わらない。あたかも「セピア調」が古い写真の代名詞となっているように、空の色と地面の色によって、日本の手彩色絵はがき独特の色調は構成されているのである。

残りの色は、桜や鳥居や常緑樹など、決まったものを除けば、業者の裁量にまかされていたと思われる。というのも、手彩色写真では、同じ写真に対して、いくつか色の異なるヴァージョンが見つかることがあるからだ。たとえば、手彩色の横浜写真は、しばしば絵はがきに流用されていることがあるが、二つを比べてみると、着物の色がまったく異なっていることがある（カラー口絵D）。

彩色をたどって

画面中の小さな人物たち、草花のひとつひとつに彩色の筆が及んでいるのに見入るうちに、奇妙な感覚に襲われる。白黒であれば見逃しそうな事物のひとつひとつが、色によって拾い上げられており、見る者は、ただ風景を見るというよりは、その筆の跡によって、注意を揺らされることになる。

たとえば鶴岡八幡宮を写した一枚の手彩色写真を見てみよう（カラー口絵E）。

写真機に対してポーズをとっているのは明らかに手前の二人の子供であり、白黒写真ならまずこの二人に目がとまるだろう。そして二人の着物には黄・青・桜色でうっすらと彩色がほどこされている。

空と地面には手彩色の形式通り、空色と肌色が塗られている。八幡宮に向かう石段にも、定石通り、薄く空色の下地が塗られている。

しかし、わたしの目を引くのは、これらの人物や事物ではない。

わたしはむしろ、石段の上に引かれていく。たとえば、石段の右下、ほんの染みほどの大きさに写り込んでいる二人の向かい合った人物は、黄色と桜色とに塗り分けられている。二人はどうやら親子らしい。なぜ黄色と桜色なのか。なぜ親子なのか。二つの色は、二つの問いのあいだを交代しながら、この二人の間で揺れている。

この色鮮やかな親子のコントラストのすぐ横で、急ぎ足で行く人々の背中は、その速さのためにぶれてしまっているのだが、彩色の筆はその姿を逃すことなく、ぶれた輪郭の中にそれぞれの色を配している。石段の上に座り込んで憩う子供たちの上には、黄色や緑、桜色の筆が通り過ぎ、ある者はその上半身だけ、ある者は袴だけが選ばれて、その色を得ている。

着物の色はおそらく実際のものとは異なるだろうし、仕事の山を抱えている彩色工には、あの色かこの色かと配色に迷う余裕はなかっただろう。各色に対して別々の彩色工が分業で筆を入れた可能性も高い。にもかかわらず、写真の中の小さな人物たちに彩色の筆が届いているのに気づくとき、見る者の気分は解かれていく。使われている色は紋切り型には違いない。しかし、色は、彩色工が、これら点のような人物を見逃さず、その着物の上下にまでまなざしを届かせたことの証であり、長い労働の最中に、その筆先によって、写真の中の人物たちに軽い挨拶を贈ったことの証である。見る者はその挨拶をたどることで、写真のあちこちを動き回ることができる。

明治の手彩色は、その定まった形式によって、写真から土地の固有性を剥奪する。しかしいっぽうで、手彩色の筆先に導かれ、人の手の痕跡に引かれ、コロタイプ印刷に写し取られた写真の細部に目を動かすとき、そのまなざしの運動によって、この世ならぬ現実感が立ち上がる。

そこまでたどりついたところでわたしは絵はがきから目を離す。空が肌色を失いながら青ざめていくからである。

画鋲の穴

一枚の絵はがきの上には、さまざまな痕跡が残される。

もっともわかりやすいのは、絵はがきの意匠に残る、描き手自身の痕跡である。とりわけ、肉筆絵はがきや彩色工が粟粒ほどの大きさの木々や着物の柄に置いていく鮮やかな色は、思わずその筆の運びを想像したくなるような生々しさが感じられる。

そこに、差出人の痕跡が重なる。初期の絵はがきでは、宛名面に通信文を書くことは許されておらず、絵の面にはたいてい、通信文を書くための余白が残された。差出人は余白によって絵のそばに誘われ、絵の輪郭に沿うように文章を書き連ね、ときには絵の中に矢印や文字を書き入れ、絵に寄り添い絵に介入した。このような親密さは、通常の絵画にはないものだった。

切手は、宛名面の左肩に貼り込まれるのが通例だったが、ときには絵の側に貼り込まれることもあった。与えられた余白のどこに切手を貼るか、あるいは絵のどの部分に四角い切手を重ねるか。そこにもまた、差出人のさりげない工夫がほどこされた。

さらに、配達の痕跡が加わる。切手を横切る通信印によって、絵はがきは公の日時を得る。そこに刻印された日時は時代を知るためのよすがとなるだけではない。通信印の意匠じたいもまた、蒐集の対象となっていく。いくつもの異国を経て、そのたびに別々の通信印の押された郵便物は特に珍重される。
おもしろいことに、絵はがきの場合、未使用のものと使用済みのものではさほど値打ちに差がない。それどころか、さまざまな痕跡が揃った郵便物は「エンタイア」と呼ばれ、専門のコレクターが存在する。未使用の絵はがきや、郵便物から切り離された切手のみならず、使用の痕跡を含めた「エンタイア」を蒐集する趣味は、絵はがき流行の初期から存在した。コレクターのルイス・C・ホィーラーが絵はがき蒐集の楽しみについて書いた次の文章はそのことを示している。

(絵はがき集めの魅力は) 趣深い風景コレクションに加えて、切手、通信印、そして自筆までが手に入ることです。コレクターに送ってもらうとき、特に外国のコレクターに頼むときは、絵の面に異なる種類の切手を貼ってもらうといいでしょう。

(ホィーラー「スーヴェニール・カード集め」『コレクターズ・レヴュー』一九〇五年)

人々が単に絵はがきのみならず、消印に執着を示していたことは、次のような文章からもわかる。

同じくアルバムに挿(はさ)んで置くにも、新しいのよりは寧ろ郵便局の手を経てスタンプのある方が面白い、先達(せんだっ)て或る宴会の席上で紀念のためとて合作した絵葉書を、貰つて喜んで持つて帰つたはいいが、そのままではどうも面白くないと、わざわざその晩麻布から引返して来て下谷のポストに投げ込んで、その消印を取つたと云ふ様な熱心家もある。

（古城「絵葉書雑話」『詩的新案絵はがきの栞』所収　明治三八年）

記念スタンプへの熱狂

制作者、差出人、配達の痕跡に加えて重要なのが、発行者の痕跡である。郵便局員によって絵はがきに押される記念スタンプがそれにあたる。

日本では、御朱印の歴史があったせいか、諸外国に比べて大きな記念スタンプが流行した。日露戦争中、および、戦後の凱旋のたびに発行された絵はがきは画期的な売り上げを示したが、その原因は、絵はがき自体だけでなく、そこに捺印される巨大な記念スタンプにあった（上図）。

その熱狂の頂点ともいえる明治三九年（一九〇六年）五月の大観兵式の記念絵はがき発行日には、神田郵便局前に長蛇の列ができ、怪我人まで出るありさまだった。ちょうど前の日に、日露戦争初の記念切手が二種類発売されたため、記念切手、記念絵はがき、そして記念スタンプの三つぞろいを目当てにする人々が殺到したのである。記念スタンプを求める列の中には、三銭と一銭五厘の記念切手二種を貼った三味線二丁を、局員の前に差し出す粋な葭町（よしちょう）の芸者も現われた。

記念絵はがきは、あまりの人気から買い占めを生み、市中の絵はがき屋で転売されることすらあった。記念印への欲求は、次の記事に見られるように私製の模造スタンプを産むまでに至った。

日露戦争の凱旋紀念スタンプをデザインした絵はがき。日露戦争戦役絵はがきに熱狂した人々にとって垂涎の的だった。絵はがき自身には明治41年（1908年）米国艦隊来港紀念のスタンプが押されている。

「神田郵便局戦役記念絵葉書発売光景」。右下に記念スタンプを押す職員の腕がデザインされている。

紀念絵葉書を買へない者はせめて模造スタンプや模造印紙でも買つて置かうと云ふ者があるので機敏の商人は速くも模造物を売出し既に先月二九日の朝即ち逓信省で甲種発行の当日二百枚位宛市中の絵葉書店に卸して廻つた而して其値は十二銭位

（読売新聞・明治三九年〔一九〇六年〕五月一三日）

さらには、私製絵はがきに私製のスタンプを押すことで売れ行きを伸ばす者が登場し、それをまた買い占める者まで現われた。

記念絵端書熱が脳天まで昇り馬鹿気た騒ぎをするが京橋区築地二丁目の国光社にては一昨日午後より売始た赤十字社記念絵端書は私製絵端書なるにも拘らず昨日午前四時頃より買人（かいて）は押掛け京橋署は巡査十名を派して警戒し例の如く買人を二列として混雑を防ぎしに電車通りに溢れ本願寺門前まで並び午前十一時には売り切れの札を掲げ一時は中々の騒ぎなりしが斯く私製絵端書を買ひ争ふは昨日より向ふ四日間同社にて私製の模造スタンプを押捺すれば買取りて利を占めんとする欲と二人連なるものの如しと云ふ

（読売新聞・明治三九年〔一九〇六年〕六月一三日）

記念スタンプは、御朱印のように、本来は差出人がそこに訪れたことを記念したものである。その意味では、単に発行者による痕跡というよりも、発行者から差出人に手渡されたことの痕跡というべきものだ。ところが、右の記事を読むと、どうやら絵はがきが登場してわずか数年のうちに、記念の場に行くことを代行する者が現われていたらしい。つまり記念自体よりも、記念印のついた絵はがきを手に入れることが一つの目的となっていたのである。

記念という行為から記念印の蒐集が切り離されていたことは、この時期、記念印じたいが、もはやコレクションの対象となっていたことを示しているといえるだろう。

記念絵はがきを入手する者は、誰かに差し出すために絵はがきを記念するかわりに、誰かが記念した絵はがきの宛先人となる。記念絵はがきは、しばしば未使用のまま手元に置かれるのは、絵はがきがすでに持ち主に宛てられているからではないだろうか。

おそらく、誰かの残した痕跡を蒐集することで、コレクターは痕跡の宛先人となるのである。

画鋲のあと

絵はがきが作られ、記念され、通信文が書き加えられ、通信印が押される。これだけの痕跡が揃えば、エンタイア蒐集家にとってはもはや十分である。

しかし、これらの痕跡とは別に、あまり注目されることの少ないものがもうひとつある。それは、絵はがきの持ち主が残す痕跡である。

手元に一枚の絵はがきがある。明治から大正期とおぼしき美人絵はがきである。裏には宛名も通信文もなく未使用である。いや、未使用というのは正確ではない。この絵はがきの上部には、くっきりと、画鋲で押したあとがついている。

はがきは、紫色の単色絵はがきである。長い年月を経て、色はすっかり褪せているが、画鋲の穴のまわりだけは、鋲の頭で覆われていたおかげで、新品だった頃のあざやかさを残している。穴には、わずかに鉄錆がこびりついており、この絵はがきが、画鋲の針となじんだ年月を思わせる。穴が少しく押し広げられているのは、壁から抜くときに、ぐらぐらと針を揺すったせいだろう。逆にいえば、それほど強く押されていたものを、わざわざ抜き、しかも捨てるでもなく取り置いたということであり、それが古絵はがき屋に流れてきた、ということだろう。

明治大正期には、数多くの美人絵はがきが発行された。その数ある中から、持ち主がわざわざこの絵はがきを壁にはった理由は、定かではない。しかし、持ち主が魅了されたのであろう、この絵はがきが発している趣は、わかるような気がする。

女は、誰もいない畳間で、髪のぐあいを確かめている。鏡台に向かっていながら、まるで鏡台には映らないうしろからの気配に応えるかのように、うなじの上にちょっと手をあてている。

女の視線は、鏡からわずかにそれている。かといって写真機に目線をやっているわけでもない。不思議なまなざしだ。この写真から読み取りうるあらゆる事物からそらされている。

こう書いていくと、いかにも特別な絵はがきのようだが、実を言えば、この構図は美人画にしばしば見られるものであり、当時の美人絵はがきにも同様のものがある。つまり、わたしはただ、そうした紋切り型の構図に反応しているだけなのかもしれない。

しかし、この絵はがきには、まだ何かある。その理由は、同じ構図の、つるりとした絵はがきと比べて

画鋲のあとのある絵はがき。裏は未使用。明治40年から大正７年。

上図と同じ構図の「美人絵はがき」。裏は未使用。明治40年から大正７年。

みるとわかる。画鋲の穴が誘っているのだ。

どんな壁に掲げられていたのだろうかと思って、絵はがきをかざしてみる。と、わたしの目は、絵はがきの中、女のうしろに薄ぼんやりと下がっている掛け軸にいく。この写真では、掛け軸は焦点からはずれたただの添え物であり、ただ何かが掲げられているということが伝わってくるだけで、子細はわからない。

しかしおもしろいことに、いったん垂直に掲げてみると、絵はがきのあるこの部屋が、絵はがきの中の掛け軸の掲げられた部屋であるかのように見えてくる。わたしの視線は絵はがきの持ち主の視線と重なり、絵はがきのある部屋から掛け軸のある部屋をまなざしている。

女のまなざしはあいかわらず、掛け軸にも見ているこちらのまなざしにも交わらない。壁に掛けられた絵はがきのある部屋、壁に掛けられた掛け軸のある部屋。不思議な入れ子のようになった二つの部屋の中にあって、女のまなざしだけが落ち着かない。

画鋲のあとは、もちろん、そこに画鋲がないことを示している。が、それだけではない。この絵はがきは、かつて画鋲によって、ここではない部屋の、この壁ではない壁に貼られていた。画鋲のあとは、この絵はがきを取り除いたときに現われたであろう壁の空白を示している。その空白に触れるような気がして、わたしはひやりとするのだ。

そう思っているうちに、ふと、自分の目が絵はがきを離れて宙を漂っていることに気づく。そのときはじめて、まるで水を飲みながら、その冷たさが喉を通るのに初めて気づくように、わたしは自分が、絵はがきの女の感じた気配に浸されているのだと気づく。この絵はがきは鏡である。絵はがきは、掛け軸の似姿であるだけでなく、女の見ている鏡の似姿だったのである。

絵はがきの束

絵はがき屋で、画鋲のあとのついた絵はがきを見つけることは珍しい。絵はがきは一枚一枚壁に掲げるよりも、むしろ、机や畳の上に気楽に広げられ、また束ねられるものであった。明治・大正期、絵はがきは大量に流通していたからである。

漱石の『吾輩は猫である』(明治三八—三九年)で、寒月君の素性を探りに来た鼻子に、主人が「端書なら沢山あります、御覧なさい」と、書斎から三四十枚持って来る。いかにもただ手づかみにしただけという風情のぞんざいな扱いだが、それは、当時の絵はがきにふさわしい振る舞いでもあった。

先に記した通り、「猫伝」の連載の前年に勃発した日露戦争によって、日本の絵はがき消費量は爆発的な増加を見せた。日清戦争から導入された郵税免除の軍事郵便制度は、日露戦争では絵はがきという新たな形式を得て大いに利用され、絵はがきの消費量を加速させた。郵便局で発売される記念絵はがきには長蛇の列ができ、逓信省が発行した第一回戦役記念郵便絵はがきは五枚一組で二六万五千組も売れ、さらにその三日後には一五万組が追加された。その約半数は軍事郵便であった。

郵便局で販売される官製絵はがきのみならず、私製絵はがきもまたよく売れた。各地で絵はがき交換会が行なわれ、自筆絵はがきの展覧会も開催された。

各家庭には、個人宛の絵はがきや、記念のために買い求められた絵はがきが山をなした。組で売られることの多かった絵はがきは、一枚書けばまた一枚と、気軽に消費するのに適していた。受け取られた絵はがきは、手紙のような開封の必要はなく、かんたんに裏表を見ることができた。用済みの絵はがきは、とんとんと揃えると、片手でつかめる束になった。

一枚の絵はがきは切手ほどには繊細でなく、書物ほどの厚みを持たない。およそ一四〇×九〇㎜、その均一な大きさと薄さは、束ねることを誘っている。

束ねられたものの端を揃えれば、背ができる。しかし、この背には名前がない。そこに描かれているのがどんなにきらびやかな絵であれ、どんなに興味深い通信文であれ、いったん束の中にまとめられると、そのはがきを外から一目で確認することはできない。

束ねられたとたん、絵はがきは匿名になる。

絵はがき帖

絵はがきの束に名前を与えるために、絵はがき帖がある。絵はがき帖はひとまとまりの絵はがきに背を与え、表紙を与える。一枚の絵はがきの糸筋のような薄さ、その匿名の垂直線に厚みとひとまとまりの名前を与え、冊となって、書架の一座を占める。

はがきの裏表それぞれの面には大切なメッセージが書き込まれているのだから、片面を糊付けしてしまうわけにはいかない。必要とあれば、取り出して、裏を見ることができるほうがよい。そこで、絵はがき帖では、差し込み式のものが好まれた。絵はがきの隆盛とともに、ヨーロッパでは、台紙にあらかじめ絵はがき大の差し込み口をいれた絵はがき帖が市場に出回った。
こうした絵はがき帖は、日本にもいち早く取り入れられた。私製はがきが許可された明治三三年（一九〇〇年）一〇月、『新小説』には、はやくも絵はがき蒐集用の「新案葉書帖」の広告が掲載されている。

此葉書帖は本年十月一日より実施されたる私製葉書を挿入するが為に意匠を凝したるものにて欧米諸国に行はるゝ絵葉書帖に習ひ之に幾多の新案を施したるもの菊版二頁大横開き本にして表裏両面より挿入さるゝやうに工夫したるものなり之によりて知己朋友より送りたる絵葉書を保存し置かば一種の慰みとなる傍友情を掬するに便なるべし

（『新小説』明治三三年一〇月一五日号、春陽堂広告）

この説明からもわかるように、絵はがきのために作られた絵はがき帖は、スクラップブックのように糊付けするものではなく、あらかじめ、各ページには絵はがきの差し込み口が用意されていた（次々頁上図）。差し込み口は、糊のように絵はがきを裏からがっちりと引き留めるかわりに、その無防備な四隅に、さりげなく、しかし確かな、紙製の手を渡す。あたかも展翅板に広げられた蝶が、その自由さを謳歌していた翅の形状ゆえにかえって容易に展翅板の上に固定されるように、はがきは、そのひらひらと身軽で薄っぺらな形状ゆえに容易に絵はがき帖に差し込まれる。
古絵はがきの中には、四隅に日焼けを逃れた跡のついたものがときおり見つかる。おそらく、もともとは絵はがき帖の中の一枚だったものがばら売りされているのだろう。たとえば、下図は、一九〇〇年代に両親に宛てられた絵はがきで、文面の最後には「コレクションにお加えください！」と書かれているのだが、その四隅には絵はがき帖の差し込み口のあとがついており、文面の一部を覆っている。

このように、はがき帖にはさまれると、絵はがきの四隅はどうしても隠れてしまう。そこで日本葉書交換会では、あらかじめ、はがき帖にはさまれる場合を考慮して、わざわざ文面のレイアウトを工夫するよう注意を促している。

文字を記入するときは、よく絵の意匠を損せぬやう位置を見定め、左右天地に幾分の余裕を存せしむるに注意が必要である。もし受取人が後日葉書帖に挿入せんとするとき、文字が葉書の四方にあるときは、葉書挟みに隠るゝ恐れがある

（日本葉書交換会編『詩的新案絵はがきの栞』明治三八年）

しかし、せっかく「コレクション」として一つの絵はがき帖に収められた絵はがきも、持ち主の手を離れると、多くの場合はバラ売りに出される。めぼしいものはそこから引き抜かれ、絵はがき帖の背を失い、絵はがき屋の紙箱の中に匿名となって忍び込む。四隅の痕跡は、それがかつて絵はがき帖に収められた「コレクション」の一枚であったことを示している。それはあたかも魔法の玉のように世界に散らばった末、ここまで流れついたのだ。

大正期の日本の絵はがき帖。市販の絵はがき帖には、このように切れ込みの入った台紙に絵はがきを差し込んでいくタイプのものが多かった。

Chers Parents
Grand merci de votre bonne journée d'hier
Suis arrivé un peu tard chez ma fiancée ;
mais après excuses tout a bien marché,
j'ai téléphoné à Gabriel, sa dame va
mieux
Merci ; et puisque ce n'est
pas pour dimanche, je
compte sur Louis
pour Mercredi matin
8h au rendez vous
convenu
Amitiés et caresses
Pour augmenter ta collection !

1906年にフランスで両親に差し立てられた絵はがき。「昨日はどうもありがとう、無事フィアンセの家に着きました」末尾に「コレクションにお加えください」とあり、四隅にアルバムに差し込まれたあとがある。

四隅の痕跡は、その絵はがきが元いた場所、絵はがき帖の中に生まれたであろう空白を想起させる。その空白に隣り合い、背中合わせに収められていたであろう別の絵はがきを想起させる。

しかし、残された痕跡だけから「コレクション」を推測することはできない。

痕跡と行為

歩くことは必ずしも足跡をつける意図を持たない。行為は必ずしも意図を持たない。行為が痕跡を産むことは、意識や意図の届きにくい、いわば自然の成り行きであり、痕跡のありようは行為によって一意に決まる。

しかし、いったんつけられた痕跡から、逆に行為を推測するのは難しい。

たとえば、絵はがきの上に画鋲のあとをつけるのは簡単だが、逆に、ひとつの画鋲のあとから、その画鋲が押された時間や場所、その手つきを推測するのはほとんど不可能に近い。

痕跡は行為へと一意に対応させることはできない。痕跡から行為を推測するということは、不良に設定された問題であり、二次元の影から三次元を推測するような、元来解きえない問題として、こちらに迫ってくる。痕跡を見る者は、本来は推測しえない行為を、自ら条件を補完していくことで絞り込むしかない。

意図の問題が現われるのはこの、補完の場面である。わたしたちは、痕跡から行為を導くという、本来は一意に定まらない問題を解くために、意図という条件を設ける。行為に意図があるというよりも、痕跡が行為の気配を漂わせ、その気配を絞り込むべく、行為の受け手はそこに意図の存在を持ち込むのである。

絵はがきは元来、誰かに差し立てられ、誰かから受け取るものである。受取人は、単に自ら欲した望みの絵はがきを得るのではなく、むしろ絵はがきのほうが向こうからやってくることを受け入れる。絵はがき屋で大量の絵はがきを繰る者は誰しも、差し出される立場、宛先人という立場に、知らず知らずのうちに陥る。一枚一枚の絵はがきの本来持っている機能、誰かが誰かに宛てるという機能を大量に浴

画鋲のあとのある「大関荒岩亀之助」絵はがき。荒岩亀之助は明治38年から42年の間大関の座にいた。

びているうちに、見る者は、宛先人の気分に感染する。絵はがき箱を繰るうちに、画面の調和を乱す日焼けの跡、そこに穿たれた画鋲の穴に目がとまり、手が止まってしまう。配達されることの魔、郵便の魔に感染し、差出人の気配がそこから漂ってくる。

わたしは、これら痕跡の宛先人となってしまう。

画鋲のあとのついた女の絵はがきは、実際にはどこにも差し立てられていない、未使用のものである。にもかかわらず、その痕跡は、この絵はがきが剝がされるときに、かつてどこかの壁に残したであろう画鋲のあとを想起させる。この絵はがきの空白の宛先欄は、長い年月、絵はがきが接していたであろう壁の存在を、写し取ってきたかのようだ。写真の裏面に残された空白の上では、かつて、この世界のどこかにあったであろう壁の気配が濃くなっていき、写真の表面では、女は髪を整えながら、ふとうしろの気配に気づいたように手を止めている。女の気づいた気配と壁の気配が重なる。わたしの頭のうしろを何かが通り過ぎる。

ありふれた一枚なのだが、わたしは未だに、画鋲の穴に釈然としないものを感じて、ときどきこの女の絵はがきを取り出してしまう。明治・大正期の絵はがきを整理するために、部屋には「美人絵はがき」と書いた大袋がいくつかあるのだが、いつもそこには戻しかねて、「その他」と仮に名付けた、小さな袋に放り込む。

おそらく、画鋲が引き抜かれたとき、絵はがきの魔は、始まっていたのである。壁から放たれ、表裏の自由を得たこの一枚は、絵はがき屋の箱に身をひそめ、誰かにその薄い身を手にとらせ、その両面を翻させ、その郵便の魔を発揮する機会をうかがっていたに違いない。わたしが手に取らなければ、他の誰かが宛先人になったかもしれない。しかし、もう遅い。

次は「美人」の袋に戻そうと思いながら、また「その他」の袋に絵はがきを入れてしまう。たぶん、また取り出すことになるだろう。

増補
キルヒナーの女たち

本の表紙から、描き手を知ることがある。

最初は、本そのものを読むために手にとったつもりなのだが、じつは表紙がなんとなく気に入っていて、その表紙が何かしら、よい時間を過ごせそうな予感を与えてくれる。案の定、よい読書の時間になる。別の本を探そうとして、また、同じような予感のする表紙に会う。そういうことを繰り返すうちに、いつの間にか、表紙の描き手が気になっている。著名な画家の絵が本の表紙になりました、というものではない。その本の大きさにちょうどあった大胆さ、もしくはつつましさがある。描き手の名前がわかると、次第に本の書き手ではなく、表紙の描き手を探すようになっている。たとえば星新一の文庫本を探しているつもりが、ぽかんと抜けたいたずら描きのようなイラストレーションを探している、という具合に。少なくとも子供のわたしは、そうやって和田誠の名前を知った。

絵はがきでも、そういうことがある。

美術展で売っているような、すでに名を成した画家の絵というわけではない。ちょっとしたイラスト絵はがきなのだが、そのイラストというのが、絵はがきの大きさにちょうどよい。よく描けているのだが、まだ未完成で、こちらが書き込むことでようやく絵はがきとして成立するような絵。誰かに出してみたくなり、受け取ると持っていたくなる。

一九世紀末から二〇世紀初頭の絵はがきを集めていくと、そういうイラストレーターが何人か見つかる。ラファエル・キルヒナーの名前を知ったきっかけも、絵はがきだった。

二〇世紀初頭にヨーロッパで上演された「ゲイシャ」というオペラの資料がないかと探していたら、ネットオークションで一枚、変わった絵はがきを見つけた（図1）。縦にオレンジ色の余白が大きく取られた絵はがき。和服姿に、マチ針のようなかんざしを頭にさした女の子が、桟橋の端で一人釣りをし

図1　1900年10月19日に差し立てられたオペラ「ゲイシャ」絵はがき。

ている。釣り竿と釣り糸のカーヴが遊ぶように余白にはみ出しており、差出人はその意図に誘われたように通信文をしたためている。釣り糸とその文字が、もつれるように記されているのが楽しい。片隅には「RAPHAEL KIRCHNER」の署名。あの赤や青の、油彩が匂ってくるような肌を描くキルヒナーなのかと一瞬思ったが、それは「エルンスト・キルヒナー」だ。だいいち、画風がまるで違う。ラファエル・キルヒナーと覚えて、わたしは検索を始めた。

二〇〇〇年代に入って、絵はがきの入手法は大きく変わりつつあった。それまではヨーロッパのあちこちの都市を訪ねては、街角の絵はがき屋や蚤の市に行き、何か出物がないか探していたのが、ネットオークションが盛んになり、「ネットで注文するといいよ」と店頭で言われることもしばしば起こるようになった。実際、ネットオークションは、怖ろしいほど効率よくこちらの欲望をかき立てる。一九九〇年代末に始動したebayには、早くも各国の絵はがき屋が参入しており、あらゆるジャンルの絵はがきが出品されていた。試しにRAPHAEL KIRCHNERと打ち込むとずらずらと表示された。どれもけっこういい値段だ。どうやら私が知らなかっただけで、絵はがき界ではコレクターズ・アイテムらしい。こういうとき、わたしは、汚れや角の丸みはあまり気にせずに、差出人の痕跡がゆかしいものを選ぶことにしている。新品はどれも似通っているが、使用済みの絵はがきというのは、世界に一つしかない。

時にラファエル・キルヒナーの絵はがきには、使用済みに味のあるものが多い。おそらく、彼の描線、淡い色調、そして余白が、差出人に書くことを誘っているのだ。わたしが次に手に入れたのは、釣り糸の絵はがきとはずいぶん感じの違う、官能的な女性が四つ葉のクローバーを手にした絵はがきだったが、余白にはギリシャ文字で連綿と文章が綴られていた（図2）。しかも、文字は、途中、上半身の部分までは描かれた体を避けるように書き、腰から下は上書きし、そのことで、まるで奥行きのある文字の海に女性がひととき浸かっているかのような不思議な印象を与える。

二枚の使用済み絵はがきをきっかけに、わたしはラファエル・キルヒナーの絵はがきを少しずつ集めるようになった。

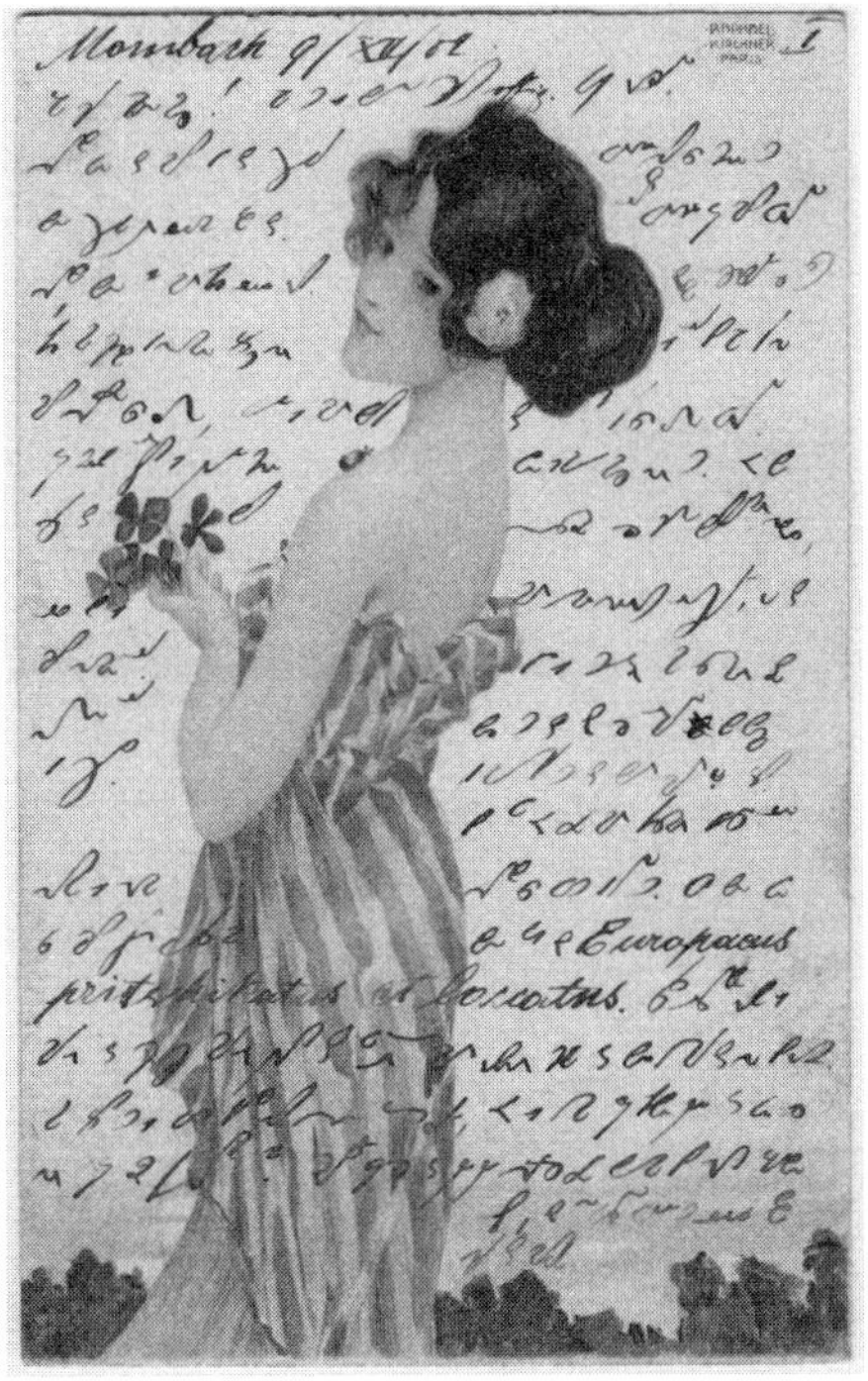

図2　1902年12月10日に差し立てられたキルヒナー絵はがき。手に持っている四つ葉のクローバーは、キルヒナーがしばしば用いた題材。

キルヒナーが絵はがきのイラストレーターとして活躍したのは、一八九七年頃から第一次世界大戦まで、まさに「絵はがきの時代」にあたる。ただし、一九一〇年以降の作品の多くは、後で述べるように雑誌「ラ・ヴィ・パリジェンヌ *La Vie Parisienne*」などに掲載されたイラストを絵はがきに仕立てたもので、絵はがきとしてのよさが出ているのは一九〇七年くらいまでの作品だとわたしは思う。

一八七五年、キルヒナーはウィーンに生まれた。小さい頃は音楽家を目指していたが、やがてイラストレーターを目指して、ウィーン芸術学校に通うようになり、歴史画のアウグスト・アイゼンメンガーのもとで学んだ。カリグラフィストである父親の影響もあったかもしれない。

一八九七年に、キルヒナーは「ウィーンの生活 Wiener Typen」と呼ばれる一連の絵はがきを手がける（図3）。これは当時ドイツ語圏で流行していた「Gruss aus（〜からこんにちは）」絵はがきの体裁だったが、どちらかというと土地の名所や風物が描かれることの多かった「Gruss aus」絵はがきの中にあって、市井の人々の生活が生き生きと描かれており、石版印刷の赤・黒・黄の発色を活かした、シェレやロートレックを思わせるデザインは斬新なものだった。「ウィーンの生活」は、一八九九年に開かれた第一回絵はがき博覧会でも展示された。

キルヒナーはこの頃からすでに、のちに彼を著名にする、女性を描いた絵はがきをいくつか手がけ始めている。おそらく、石版印刷によって表現されるペンの描線の魅力は、女性像を描くときにもっともよく活かされると直観していたのだろう。

絵はがきは、差出人が、キルヒナーと同じようにペンによって文字を綴るメディアでもあった。キル

図3　1902年に差し立てられた「ウィーンの生活」絵はがき。

図4　1899年12月2日に差し立てられた絵はがき。キルヒナーのウィーン時代の絵はがきには、こうしたペン画の線を強調した絵はがきがしばしば見られる。差出人もまたその線に誘われるように文字を綴ったのだろう。

ヒナーの描線と差出人の文字は容易に交錯し、一つの絵になる。キルヒナーの絵はがきは、差出人たちに、イラストレーターの描線と戯れる喜びを提供したのだ（図4）。

彼の絵はがきが持つもう一つ大きな特徴は、そこに用いられる記号である。キルヒナーはしばしば、四つ葉のクローバー、ハート、星といった記号を画面の随所に意匠化してちりばめる（図5）。そのことによって、一枚のカードがタロットやトランプのように、何らかの運命を表すかのように感じさせる。絵はがき自体に特定のメッセージを表すかわりに、一つの予兆をほのめかす。差出人自身がさまざまなメッセージを込める一方で、一枚のカードという形式をとる絵はがきに似つかわしい様式だ。

一九〇〇年頃、キルヒナーはパリに渡り、絵はがきのイラストを精力的に描き始める。この頃から石版印刷の色数も増え、金色も刷り込まれるようになり、絵はがきには独特のきらめきが差すようになってきた。パリ時代のキルヒナーの絵に頻繁に登場するようになったのが、和服にかんざしを挿した女性たちや菊花、傘、扇、屏風などのジャポネスク風の小道具である。彼の東洋趣味がよく表れているのが、日本を題材に扱ったオペラ絵はがきだろう。先に挙げた「ゲイシャ」シリーズもその一つだが、「ミカドとゲイシャの国」で紹介した「ミカド」そして「サントイ」の絵はがきでも、細いペンの筆致によって、こうした画題が鮮やかに描かれている（図6）。

もう一つ、おそらくキルヒナーの手によるものと思われるのが、「楽しい戦争」という一連のシリーズである（図7）。義和団事件を題材としたこの絵はがきでは、和服姿の女性が、各国の兵士たちを籠

図５　ハート型の香水壜、ネックリングの三つの金具、上に散りばめられた星だけが金色で刷り込まれている。こうした「版」の感覚はキルヒナーの初期・中期の絵はがきに特徴的なもの。

図６　1905年９月８日にボストンに差し立てられたオペラ「サン・トイ」絵はがき。

絡し、「平和 Paix」へと導く様子が描かれている。女性が運命を決め、運命と戯れるというのはキルヒナーが好んで用いた主題だった。

キルヒナーの一九〇六年ごろまでの絵はがきでは、エッジの表現が卓越している。先に紹介したオペラ絵はがきでは、余白を直線で区切ることで画面に晴れやかな緊張がもたらされていたが、女性の肌の柔らかい階調を強調するようになった中期の絵はがきでも、衣服の模様に金色の版を使って、まるでそこだけが絵はがきとは違うレイヤーに属する帯のように浮き立つ（図8）。そのために、女性の衣装は、背景の装飾へと一続きになり、まるでアール・ヌーヴォーの文様の中から人体が浮き出してくるような、不思議な錯覚をもたらすのである。多色刷りの石版印刷は、絵はがきの一枚一枚が「版画」として作られた感覚を生み出し、絵はがきのカード性を強調した。少なくとも、この時代までのキルヒナーのイラストレーションは、絵はがきというメディアに特化したものであり、美しい描線と巧みな余白は、手に入れたものに書くことを誘っていた。

キルヒナーの描く女性は、柔らかい描線とときに露出度の高いポーズによって、初期の頃からエロティシズムを感じさせていたが、その傾向がはっきりするのが、一九一〇年頃から発行されている三色製版による絵はがきである。石版のように限られた色を重ね合わせるのに比べて、三色印刷では色調をより多彩にできる一方、三色分解独特のくすんだ色合いと輪郭の不明瞭さが出てしまう。しかも、この頃のキルヒナーの原画の多くは、大判の石版印刷を前提として描かれており、絵はがきはそれを縮小印刷したものだった。かつての、絵はがきの大きさに直接デザインされていたキルヒナーの作品に比べる

図７　1901年に差し立てられた「楽しい戦争」絵はがき。RASCHKA はラファエル・キルヒナーの変名と考えられる。

図８　1902年９月17日にイングランド・コーンウォールに差し立てられた絵はがき。腕輪、ネックレス、髪飾り、腰のベルトなどの金色が、背景の金色と同じレイヤーをなし、女性が絵はがきにほどこされた装飾の曲線すべてを身にまとっているかのように錯覚させる。

と、どこか、有名絵画やイラストレーションを絵はがきにした美術絵はがきのような、よそよそしい感じになった。

実際、キルヒナーの仕事は、次第に絵はがき以外のジャンルに拡がりつつあった。一九〇六年には雑誌「ラシエット・オ・ブール *L'Assiete au Beurre*」に石版印刷の風刺画を発表し、一九一二年からは不定期に雑誌「ラ・ヴィ・パリジェンヌ」にイラストを掲載するようになった。「ラ・ヴィ・パリジェンヌ」は、一八六〇年に創刊され、もともと小話や噂話、イラストなどで構成された気軽な読み物だったが、一九〇六年ごろから、はっきりと男性向けのエロティックなイラストを数多く掲載する内容へと路線を変更した。キルヒナーは一九一二年から一三年にかけて、この「ラ・ヴィ・パリジェンヌ」に寄稿する人気イラストレーターとなり、彼の作品はしばしば表紙や裏表紙を飾った。絵はがきのデザインでは、色数の多い石版画や金刷りを活かした、絵はがき大の小宇宙が描かれていたのに対し、この「ラ・ヴィ・パリジェンヌ」では、大判の雑誌用に女性の大胆なポートレートを描くことを志向しており、ポージングも、絵はがきの頃よりずっとエロティックになっている。

彼のもう一つの重要な仕事は、パリの老舗香水ブランド「リュバン」の広告イラストレーションだろう。キルヒナーは初期の頃から、香水瓶やそこから匂い立つ香りの描線をイラストの意匠として用いていたので、リュバンの仕事は、彼にうってつけだった。彼は香水「クリサンテーム」のイラストを頻繁に「ラ・ヴィ・パリジェンヌ」の掲載している。そこでは、「菊」のイメージにふさわしく、日本髪を結い、花魁風のかんざしを菊花の花びらのごとく髪のまわりにつけた女性が、ときには胸も顕わに、香

図9　雑誌「ラ・ヴィ・パリジェンヌ」一九一三年四月十二日号に掲載されたリュバンの香水「クリサンテーム」の広告。キルヒナーは毎回異なるイラストレーションを提供している。

水の香りと戯れている（図9）。

　キルヒナーの転機は第一次世界大戦だった。戦争の勃発とともに「ラ・ヴィ・パリジェンヌ」は発刊が一時停止された。何より、オーストリア出身でパリ在住の彼にとって、この大戦は、出身国と居住国の間で行われる戦争だった。キルヒナーがこの戦争に心を痛めていたことは間違いのないところだろう。彼のこの頃のイラストには、戦争を表す血なまぐさい光景は描かれておらず、イギリス国旗やフランス国旗をかざしてポーズをとる女性たちがひたすら描かれている。

　彼は当時寄稿していたさまざまな雑誌イラストの原画をライブラリー・ド・レスタンプ社に預け、ニューヨークへと移り住む。レスタンプ社からはこうした雑誌用イラストを絵はがきに仕立てたものが数多く発行された。

一方で第一次世界大戦は、キルヒナーの描く女性たちを広めることにもなった。戦場の兵士たちが、彼のイラストの切り抜きや絵はがきを、兵舎や塹壕に持ち込み、戦場での慰めとしたのである。彼の描く女性は、やがて「キルヒナー・ガールズ」と呼ばれるようになり、ロンドンからはまさにその名を冠した絵はがきが発刊された。

ニューヨークに渡ったキルヒナーの手がけた重要な仕事の一つが、ジーグフェルド・フォーリーズとのコラボレーションである。彼は美術監督として衣装デザインやパンフレットのイラストレーター、そして、劇中歌のシート・ミュージックの表紙などを担当し、ヨーロッパ的な雰囲気を劇団に持ち込んだ。代表的なパンフレットに「センチュリー・ガール」があるが、ここに掲載された連作「ピエロの10の夢」もまた、のちに絵はがき化された（図10）。

もしアメリカでの活動が長く続けば、彼の名はさらに有名なものになったかもしれない。しかし一九一七年、アメリカが第一次世界大戦に参加した年に、キルヒナーは虫垂炎のため急死してしまった。四二歳の若さであった。

現在、「キルヒナー・ガールズ」はピンナップ・ガールズのルーツとしてしばしば語られる。確かに、第一次世界大戦の兵士たちにとって、キルヒナーの描く女性は壁に掲げて飽かず眺めたい存在だった。このキルヒナーのスタイルは、彼のあとにジーグフェルド・フォーリーズの美術を担当し、のちに「ヴァーガ・ガール」で知られることになったアルベルト・ヴァルガスに受け継がれた。興味深いことに、ヴァルガスのイラストレーションは、ピンナップだけでなく、雑誌「エスクワイヤ」の付録である「エスキー・カード」やトランプなどによって知られている。キルヒナー描く女性の魅力は絵はがきというカード性とが結びついたところにあることを、ヴァルガスは敏感に感じ取っていたのかもしれない。

参考文献
A. P. Dell, Aquila *1996 Raphael Kirchner and his postcards.* Mario Adda Editore.

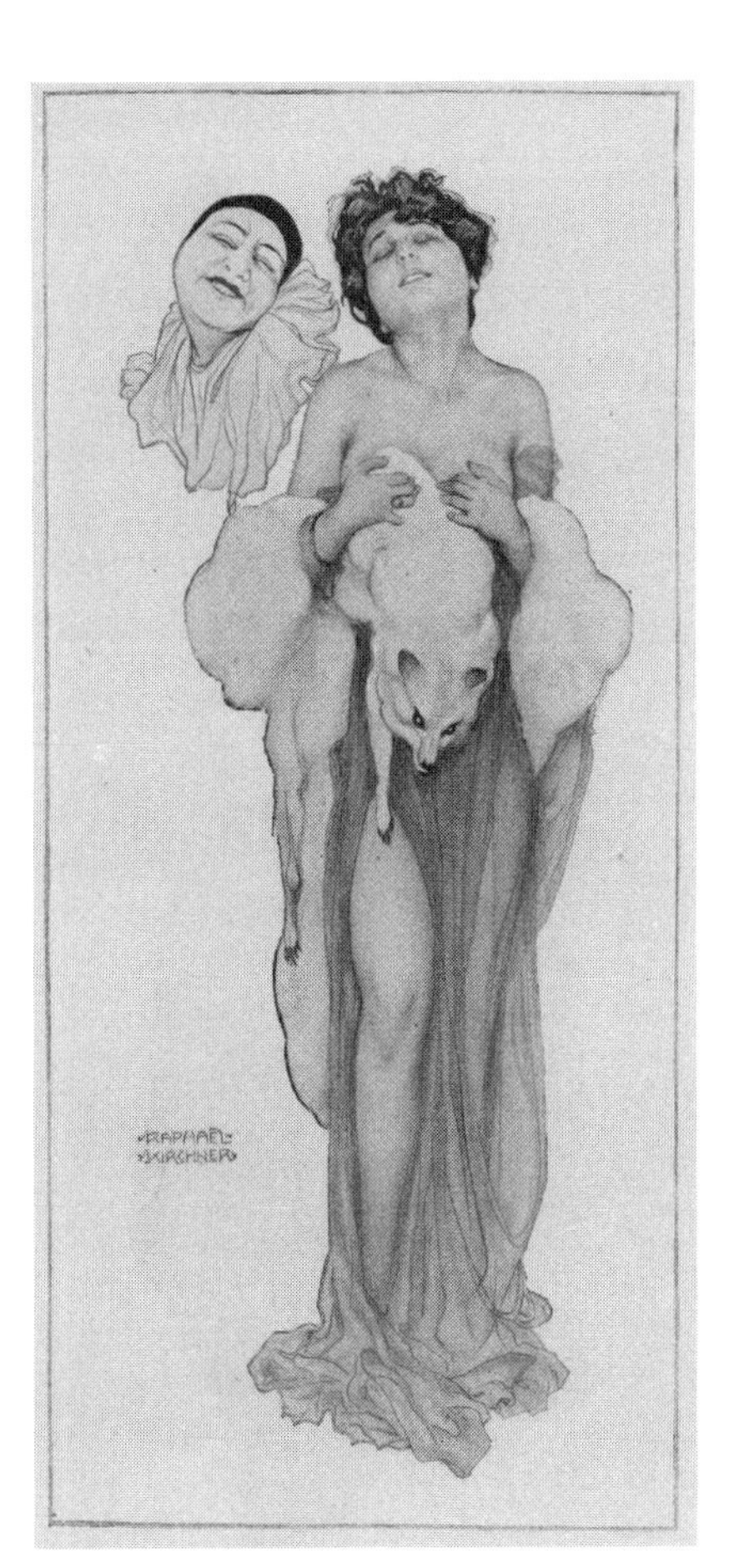

図10　ジーグフェルド・フォーリーズの「センチュリー・シアター」パンフレットに描かれた「ピエロの恋：10章」から「ラグジュアリー」。

あとがき

絵はがきの時代とはいつのことか。

特定のできごとに区切られた、誰の目にも明らかな「時代」があるわけではない。しかし、日本を含む各国の絵はがきを集め、その発行年や消印を調べていくと、絵はがきのありとあらゆる意匠が試された、ある一時期があることに気づく。そして新聞や雑誌を調べていくと、同じ時期に、世界のあちこちで「絵はがきの流行」が事件として扱われ、絵はがき雑誌が次々と創刊され、交換会、展覧会、博覧会が盛んに行なわれていたらしいこともわかってくる。

多くの人々が、まるで新刊や新譜を待つように新しい絵はがきを待ち望み、絵はがき屋に立ち寄っては求め、その出来映えについて評した。新聞の切り抜きや旅先の切符、蝶の翅や植物の標本を貼り付けたものが絵はがきになった。紙ばかりでなく、木板も、鉄板も、セルロイドも、布地も、絵はがきになった。人の目を驚かすべく、あぶりだしや透かしを入れたもの、砂や象嵌を貼り付けたもの、小さな写真をしまい込んだもの、溝を刻んでレコードにしたもの、つまみをいくつも付けて万年カレンダーにしたものなど、いくつものノヴェルティが登場した。

この本で扱ったのは、そんな時代、つまり一九世紀末から第一次世界大戦期にかけて、世界のあちこちで人々が絵はがきに熱狂した時代である。

絵はがきは奇妙なメディアだ。

贈り物は、ふつう、何かにくるまれていて、その本体は、交換や輸送の道具であるパッケージとは別になっているものだ。ところが絵はがきは、交換の道具のようでもあり贈り物のようでもある。

絵だけが贈り物で宛名や切手は交換の道具である、と割り切るのにも無理がある。なにしろこれらはすべて一枚の紙の上にあって、消印や記念印や差出人の走り書きによって、おたがいが分かちがたく綴り合わされ、どこからどこまでが交換の手段で、どこからどこまでが贈り物か区別がつかない。もちろん手の切れそうな未使用の絵はがきを封筒に入れて送れば、純然たる贈り物にはなる。ところが、そんな絵はがきよりも、むしろメッセージが書き込まれたもの、印の押されたもの、人手にわたって、皺や折り目、小さな破れ目やしみのついたものの方が絵はがきらしかったりするのだから、むずかしい。

そんな絵はがきの性質を反映すべく、この本の図像には、なるべく使用済みのもの、人手に渡った痕跡のあるものを載せた。誰かの手を経ることを厭わない人々、むしろそのことを喜ぶ人々によって、絵はがきが世界のあちこちに届けられた時代。その空気が、うまく伝わればいいなと思う。

そもそもわたしが、絵はがきを集め始めたのは、前著『浅草十二階』の資料集めに明治期の絵はがきを繰り始めたのがきっかけである。以来まだ七年、蒐集家を自称するには日が浅い。それだけに、この本を書くにあたっては、さまざまな方にお世話になった。

直接お会いする機会はなかったが、浅草十二階の研究者にして稀代の絵はがきコレクターでもあった故喜多川周之(ちかし)氏が『歴史読本』(昭和四七年一月―昭和五二年三月)に残した文章をたどることで、絵はがきへの視点は大きく広がった。また喜多川氏のコレクションに基づく佐藤健二氏の絵はがき論(『風景の生産・風景の解放』講談社選書メチエ)にも大いに刺激を受けた。

矢原章氏、石井貴志氏、剛田明治氏、青山勝氏からは絵はがき資料の調査にあたってあれこれ知恵を拝借した。カール・ルイスに関しては笹子和子氏・宮川昌三氏に、活画館に関しては高田恒夫氏に貴重な資料を拝見させていただくとともに、詳しいお話をうかがった。浅草と十二階の話を書くにあたっては、前著に続いてテプコ浅草館内の浅草文庫にお世話になった。また、絵はがきと深い関係にある博覧会については、寺下勍(つよし)氏の貴重なコレクション、そして橋爪紳也氏をはじめとする博覧会研究会の方々に、いつも新しい刺激をいただいている。これらの方々に御礼申し上げたい。

日本絵葉書会は、ビギナーから日本有数のコレクターまで幅広い会員を持つ会で、定例会で大量の絵はがきに触れるたびに、新しい発見がある。東京や関西で会合がもたれているので、絵はがきに興味をお持ちの方はぜひ参加してみられるとよいと思う(http://www.edo.net/ehagaki/)。

なお、この本に掲載しきれなかった図像をはじめ、さまざまな絵はがきの話題を扱った「絵葉書趣味」をオンライン上に開設しているので、興味のある方はお立ち寄りいただければ幸いである(http://www.12kai.com/pc/)。

本書は、二〇〇四年五月から二〇〇五年一一月まで『ユリイカ』に連載された「絵はがきの時代」をもとにしている。単行本化にあたっては、大幅な加筆訂正と図像の追加を行なった。連載時には、郡淳一郎、足立桃子の両氏に、単行本の編集では『浅草十二階』に引き続き宮田仁氏にお世話になった。いつも滞りがちな原稿と、書き込みだらけの校正におつきあいいただいた三氏に感謝したい。

二〇〇六年五月

細馬宏通

増補新版のためのあとがき

『絵はがきの時代』を執筆していたのは、ちょうど研究の方向が二つに分かれ始めた頃で、片方では、本来の専門である対面相互行為の分析をしながら、もう片方では絵はがきに盛り込まれた表象について考えるという、ちょっと奇妙な時間の過ごし方をしていた。そのせいか、絵はがきというモノの歴史の中に、送信者と受信者のずれや、配達者やコレクターの残す痕跡といった、相互行為で考えるようないくつかの問題が入り込んでいる。

そういう本は珍しかったせいか、幸いにもいくつもの書評をいただき、絵はがき愛好家のみならず、写真・映像などの視覚メディアに関心を寄せる研究者の方々とやりとりすることが増えるようになった。発刊後十数年経ち、長らく入手が難しくなっていたが、今から考えるとその後の私の仕事のあり方の転換点となるような本であり、このたび増補新版として再び広く読んでいただけるようになったのはたいへんうれしい。

絵はがき史には、竹久夢二をはじめ、この小さなメディアに特化した画家が何人も登場するが、中でもラファエル・キルヒナーは、作品の質量、影響力とも見逃せない作家である。このたびの新装にあたって彼の簡単な評伝を加えることにした。

編集の加藤峻さんにはこのたびの新版の労をとっていただいた。深く感謝したい。

二〇二〇年一月

細馬宏通

図像出典

一〇三頁　*The picture postcard and collectors' chronicle* (以下 *PPCC*), 1904 July, p.221.
一四七頁　*PPCC*, 1903 January, p.4.
一六三頁　*PPCC*, 1906, p.194.
一六九頁　*PPCC*, 1906, p.57.
一七〇頁下　高田恒夫氏。
一八一頁　*PPCC*, 1907, p.208.
一八二頁　*PPCC*, 1904, p.175.
一八三頁　*PPCC*, 1906, p.235.
一八四頁上　*PPCC*, 1906, p.214.
一八四頁下　*PPCC*, 1906, p.61.
二〇一頁上下　*PPCC*, 1904, p.78.
二〇七頁　*PPCC*, 1904, p.80.
二一八頁、二一九頁下　笹子和子氏。
二二五頁、二三五頁上下　*Photographic Gems of art*, Mast, Crowell & Kirkpatrick, Ohio, U.S.A., 1896.

その他の図像は筆者蔵の絵はがきからとった。

［著者］細馬宏通（ほそま・ひろみち）
1960年生まれ。京都大学大学院理学研究科博士課程修了（動物学）。現在、早稲田大学文学学術院教授。ことばと身体動作の時間構造、視聴覚メディア史を研究している。著書に、『浅草十二階』『二つの「この世界の片隅に」』（青土社）、『うたのしくみ』（ぴあ）、『ミッキーはなぜ口笛を吹くのか』（新潮社）、『介護するからだ』（医学書院）などがある。

絵はがきの時代
増補新版

2020年1月24日　第1刷印刷
2020年2月 4 日　第1刷発行

著者——細馬宏通

発行者——清水一人
発行所——青土社

〒101-0051　東京都千代田区神田神保町1-29　市瀬ビル
［電話］03-3291-9831（編集）　03-3294-7829（営業）
［振替］00190-7-192955

印刷・製本——ディグ

装幀——細野綾子

ISBN978-4-7917-7241-4　C0070